中国环境与发展国际合作委员会 30 周年
——致力于中国环境与发展转型

[加] 亚瑟·汉森　赵英民/编著

U0252134

中国环境出版集团·北京

图书在版编目（CIP）数据

中国环境与发展国际合作委员会 30 周年 : 致力于中
国环境与发展转型 / （加）亚瑟·汉森，赵英民编著. --
北京 : 中国环境出版集团，2022.12（2024.4 重印）
ISBN 978-7-5111-5369-2

Ⅰ．①中… Ⅱ．①亚… ②赵… Ⅲ．①环境保护－国
际合作－研究－中国 Ⅳ．① X-12

中国版本图书馆 CIP 数据核字（2022）第 243203 号

出 版 人	武德凯
责任编辑	黄　颖
文字编辑	梅　霞
装帧设计	宋　瑞

出版发行　中国环境出版集团
　　　　　（100062　北京市东城区广渠门内大街 16 号）
　　　　　网　　　址：http://www.cesp.com.cn
　　　　　电子邮箱：bjgl@cesp.com.cn
　　　　　联系电话：010-67112765（编辑管理部）
　　　　　发行热线：010-67125803，010-67113405（传真）
印　　刷　北京建宏印刷有限公司
经　　销　各地新华书店
版　　次　2022 年 12 月第 1 版
印　　次　2024 年 4 月第 2 次印刷
开　　本　787×1092　1/16
印　　张　14.25
字　　数　175 千字
定　　价　116.00 元

序言

　　过去的 30 年，中国环境与发展国际合作委员会（以下简称国合会）见证并参与了中国环境与发展政策的演进。这是整整一代人的努力，也伴随着各国对经济与环境相互关系认识的现代化历程。本书不仅呈现了国合会的运作方式及部分亮点成果，也勾勒出了中国及世界环境与发展方式的变迁。因此，本书可以为环境与发展这一长期事业的未来方向提供有益借鉴。

　　自建立之初，国合会就围绕环境与发展重大议题开展研究，聚焦经济、生态和能源及其与环境变化和人民需求的关系。国合会的工作为满足人民对美好生活的向往，助推经济高质量发展，特别是为践行生态文明这一绿色发展的核心目标奠定了基础。

　　国合会一直以来都是中国与世界众多环境与发展领域的领导者和机构交流互鉴的重要平台。在此过程中，国合会不仅与国内外研究机构、科研院所和政策咨询机构建立了合作关系，也帮助其他国家、联合国机构以及领先的环境与发展国际组织更好地了解了中国环境与发展领域的目标、成就和愿景。

　　历届国合会主席均由国务院分管生态环境保护的领导人

担任，生态环境部（原环境保护部、原国家环境保护总局、原国家环境保护局）是国合会的承办部门，其历任主要负责人均坚定支持国合会的顺利、有效运行。我很高兴成为其中的一员，也很荣幸能够参与国合会的工作。

国合会的委员、特邀顾问和研究人员均为各行各业的翘楚。他们来自国内外政府部门、学术机构及其他组织，在国合会平台上精诚合作、共同努力，为环境与发展行动的成功提供了有力支撑。

国内外合作伙伴在国合会的整个发展进程中同样发挥了不可或缺的作用。他们的作用不仅包括提供资金支持，还包括帮助国合会发掘适合的专业人士，为国合会提供实物支持，并通过担任国合会委员及其他方式积极参与国合会工作。为此，我深表感谢。

数千人参与过国合会工作，无法在此书中一一细数他们的贡献。我要衷心感谢所有参与过国合会工作的个人和机构，是他们塑造了国合会。期待在未来，国合会这一卓越的机构不仅服务于中国，也可为强化全球伙伴关系、加快落实联合国2030年可持续发展议程、共同推动全球发展迈向平衡、协调、包容的新阶段做出更多有价值的贡献。

中华人民共和国生态环境部　部长
中国环境与发展国际合作委员会　中方执行副主席

前言

　　中国环境与发展国际合作委员会自 1992 年成立之初便备受期待，肩负远大使命。从全球角度来看，国合会的成立可谓恰逢其时。自 1987 年时任联合国世界环境与发展委员会主席的布伦特兰夫人发表《我们共同的未来》（*Our Common Future*）报告以来，经过长时间酝酿，联合国环境与发展会议最终于 1992 年 6 月在巴西里约热内卢召开，这次会议又称"里约地球峰会"。中国的高级别官员和科学家当时已经初步认识到，未来的经济增长将更多地取决于能否寻找到合适的路径，在提高生活质量、安全水平的同时，提升生态系统质量和稳定性，降低污染和其他环境影响带来的风险。事实上，中国当时已经出台了国家层面的《中华人民共和国环境保护法》，包括植树造林等在内的环境项目也已落地。

　　随着改革开放的不断深入，中国有动力也有激励措施将发展重点大幅转向工业化、城镇化和环境治理改善。这些转变，加之 20 世纪 90 年代外商投资、国内生产总值和国际贸易的快速增长，尤其是 2001 年 12 月中国加入世界贸易组织之后，中国对电力、资源使用和基础设施建设的需求空前庞大，鲜有国家在这么短的时间内产生如此庞大的需求。据研究，经济发展导致中国生态和环境不断恶化，影响发展的可持续性和质量。早在 21 世纪第二个十年到来之前，生态环境的警钟就已然敲响。

《二十一世纪议程》和里约三公约（《联合国气候变化框架公约》《生物多样性公约》《联合国防治荒漠化公约》）的通过在国际社会树立了可持续发展理念。中国成为了减贫事业的领导者，参与了联合国千年发展目标的实现进程，也为国际环保事业贡献了自己的力量，包括参与联合国环境规划署的"全球清洁生产计划"和《联合国气候变化框架公约的京都议定书》下的清洁发展机制。然而，在 21 世纪前十年的大部分时间里，中国都在努力应对经济快速发展带来的环境影响。尽管国家在环境和发展方面的投资不断增加，但污染的程度和影响范围仍未得到有效控制。早期的冲击，如 1998 年特大洪水对长江流域造成的巨大破坏，促使政府关注土地和水资源利用以及生态恢复。但在诸多环境风险问题上，中国还需要做出更多改变。

新的概念不断涌现，如生态补偿、生态建设、循环经济、生态城市等。这些概念通常源自各种理论，并借鉴了彼时西方的思想和实践（如环境影响评价）、中国传统文化（如小康）和国内实践经验（如关于回收、污染者付费及自然保护区划定和管理等实用建议）。贸易与环境、低碳经济和清洁生产成为主要议题。

从 21 世纪第二个十年到现在，中国对生态环境综合治理的重视程度显著提升。值得注意的是，对环境和发展领域的重大投资也带来了重要红利，提升了中国人民及世界其他地区人民的生活质量。"绿水青山就是金山银山"理念在中国深入人心，绿色发展被认为是高质量发展的驱动力。人们开始认识到，跨领域合作和协调是必不可少的。在解决污染、气候变化和改善生态服务等问题时需要协同联动。中国在"十二五"和"十三五"时期采取的措施对建立环境与经济之间的新型关系、造福人类和自然非常重要。中国已经积极促成上述变化，并在"十四五"时期加速行动。中国的生态文明建设还有很长的路要走，但与30年前国合会首次向中国政府提出政策建议时相比，生态文明建设已取得了长足进步。

过去30年，国合会从未停止对中国最复杂、最重要的环境与发展转型的观察。更重要的是，我们有幸在帮助中国制定政策和机制方面持续发挥作用，为许多已经落实的创新方法提供了政策建议。国合会被公认为是环境与发展领域连接中外的高层咨询机构。国合会是中国政府批准成立的机构，也是一个多方协作平台，其所有的工作都汇聚了中外共同的智慧。

我们深知，国合会只是众多组织中的一个，但其组织架构和长期经验是独一无二的。国合会对知识的汇集和梳理是值得信赖的，并成功使用这些知识为中国政府和国际社会提供了有价值的新见解。此外，国合会的运作原则是公开透明的，即对所有选择使用信息的人公开。

本书虽在许多方面有所欠缺，但绝非蜻蜓点水、浮光掠影之作。本书对国合会的成立、架构、预期职能、不同议题的工作流程，以及部分有影响力的成果进行了概述。多年来，中国和国际社会对国合会给予了极大的信任，指引国合会不断前行。本书试图尽力涵盖不同的工作人员、捐助方和合作伙伴，但由于篇幅所限，无法如预期一样全面、深入。

我们希望此书能够帮助国合会规划和开展未来活动，尤其是从2022年开始的第七届国合会活动，更多地将中国的环境与发展经验介绍给其他国家，使中国在全球环境与发展治理中发挥更大作用。中国需要国际社会了解其成果和经验，并切实为其他国家提供帮助。在这一方面，国合会与许多国际组织和国家的联系将大有裨益。

在国合会的工作中，我们非常重视与众多环境与发展领域的领军人物合作。几十年来，来自不同机构的数千人参与过国合会的工作，他们带来了多样的经验和见解。将他们的智慧浓缩成对中国和世界有益的政策建议是一种挑战，但也妙趣横生。

我们在书中用专门章节介绍了与国合会相关的众多参与者对这一独特机构的看法。我们感谢来自不同机构的同人所付出的一切，他们投入大量时间分享各自的专业知识，不仅帮助中国更好地应对自身的环境和发展问题，还助力中国与其他国家分享这一经验，并为解决国际社会面临的问题做出贡献。

实现可持续发展、提高自然系统质量、提升社会经济福祉需要高级别领导、科学界和商界等不同背景人才、地方和国家行政人员、民间组织工作人员以及各行各业人士的通力合作。我们希望本书能阐明这一独特的国际合作模式。

最后，我们还要感谢那些在 30 年间为国合会的建立和运行付出时间和精力的政府官员等人士。书中提到了很多人，但为国合会付出努力的远不止他们。我们要特别感谢生态环境部国际合作司原司长郭敬先生，他为国合会的发展做出了重要贡献，并提议编写本书。

中华人民共和国生态环境部　副部长
中国环境与发展国际合作委员会　秘书长

中国环境与发展国际合作委员会
委员、前外方首席顾问
2022 年 6 月

目录

表目录

专栏目录

国合会的重要性

20世纪七八十年代，中国为改善环境采取了初步措施，着手解决受损生态系统的恢复问题，开始推动立法工作并制定一系列管理办法应对生态环境问题。与大多数发展中国家一样，中国在制定必要政策和组织管理等方面落后于西方发达国家，人们担心环境保护措施会影响经济增长。然而，20世纪90年代初，中国国内和国际社会都在期待中国加强环境治理力度。

中国环境与发展国际合作委员会于1992年由中国政府批准成立，旨在交流国内外经验，推动解决中国和全球范围日益重视的环境问题。国合会见证并参与了中国发展理念和发展方式的历史性变迁，在中国可持续发展进程中发挥了独特而重要的作用，成为连接中国与国际社会在环境与发展领域交流、互鉴的重要平台。中国在这一历史时期迫切需要全面深入地向国际社会学习，实现跨越式发展。不过也有少数中国专家认为，这还需要变革性的政策调整，因为自1978年改革开放以来，中国的核心政策一直是保持经济顺畅、高速增长。

国合会由中国政府高层发起，旨在为各级决策者构建制度和制定政策提供咨询建议，以应对与自然资源利用、基础设施和工业发展、城镇化相关的问题，并更好地保护中国多样化的景观、河流湖泊及沿海地区。中国正在经历许多转型，其中大多数转型对环境产生了潜在的正面影响或负面影响，因此需要采取一种跨领域、涵盖对全社会产生影响的变革性方法。首届里约地球峰会于1992年召开，同年，国合会成立。在启动阶段，国合会受到了《生物多样性公约》、《联合国气候变化框架公约》、联合国可持续发展蓝图《二十一世纪议程》等新国际公约、议程的影响。

各国和国际组织对国合会的成立表现出浓厚的兴趣，助力了国合会的宗旨、架构和总体方针迅速成形。国合会主要由政要、知名学者、商界领袖、国际组织和环保非政府组织代表组成（中外各 25 ～ 30 名）。高层次、多元化的委员，优秀的研究团队和众多优质的参与方，使国合会具备了提供高质量、多样性和包容性政策咨询的基本条件。国合会工作组的研究成果、政策分析以及经委员审议后的政策建议直接提交国务院。国合会主席为中共中央政治局委员、国务院副总理级的官员。因此，国合会的政策建议能够在总理级层面进行讨论。

国合会由生态环境部部长和来自国际社会的同等级别人员组成的小型管理机构（主席团）负责监督。资金由中国政府和国际捐助方提供。加拿大是最主要的国际捐助方，资金由加拿大国际开发署（现加拿大环境与气候变化部）提供；挪威等其他捐助方紧随其后。国合会秘书处设于北京；秘书处国际支持办公室设在加拿大不列颠哥伦比亚省的西蒙弗雷泽大学，2019 年 4 月更名为加拿大国际可持续发展研究院。

国合会自设立之初就与众不同，至今已然是独一无二的，其具有以下几个特点。第一，国合会是一个国家性质的环境国际合作机构，是与世界上人口最多国家的政府首脑的直接、长期、双向沟通渠道；第二，国合会的日常运作聚焦科学和政策的交互；第三，中国政府高度重视国合会提供的政策建议，且将适时采取行动。人们期望国合会的研究成果对外公开，并随着时间的推移助力国际社会更好地了解中国的环境与发展需求及路径。

30 年后的今天，国合会作为一个高层政策咨询机构，仍被中国政府认为具有很高的价值。在此期间，国合会就政策转型提出了许多建议，帮助中国成为环境与发展等诸多方面的引领者和全球可持续发展治理的重要参与者。国合会依旧被认为是全球范围内独一无二的国际合作典范，反映出基于信任、专业知识和相互理解的新型共享模式。目前，第七届国合会（2022—2026年）已启动。

《中国环境与发展国际合作委员会30周年——致力于中国环境与发展转型》充分参考了国合会所涉众多领域的工作组及专题政策研究报告、圆桌会议及其他会议文件、国合会年会向国务院提交的政策建议等重要文件。此外，为编写本书，我们还查阅了许多演讲稿、研究报告、独立文章和其他文件等。这些信息都为我们准确编写本书奠定了坚实的基础。国合会有三大相关网站：http://www.cciced.net（由国合会秘书处维护的中英双语网站，也是国合会官方网站）、http://cciced.eco（向国际社会提供最新的活动信息和研究进展）和http://www.sfu.ca/china-council/cciced-at-sfu.html（保存国合会1992—2019年的存档资料，这些宝贵的资料涵盖了国合会30年的工作）。

对于参与过国合会一项或多项活动的数千人而言，他们在国合会工作中获得了新机遇，建立了联系，发展了友谊，并为理解和解决环境与发展问题的艰巨挑战找到了新的方法。国合会的一些委员、专家、捐助方和合作伙伴在这30年间一直参与国合会相关活动。本书无法涵盖国合会开展的所有活动，我们也无意将本书作为评估或项目评审文件。此外，由于涉及的倡议和人员众多，我们无法向所有做出杰出贡献和付出辛勤努力的人一一表示感谢。

支持国合会活动的国内外捐助方以及其他合作伙伴发挥了重要作用。有些捐助方参与了整整30年的工作，有些则是最近才加入的，还有一些是已经退出但仍对国合会十分感兴趣的。中国是最主要的捐助方，加拿大是主要的国际捐助方，挪威及其他捐助方（如联合国环境规划署等联合国机构、美国环保协会等）也发挥了长期、稳定的作用。国合会在任何时候都拥有十几个或更多个捐助方，能够借助一系列专业知识和广泛的关系网络，如通过欧盟、世界自然基金会和世界可持续发展工商理事会等组织，以及联合国环境规划署等联合国机构开展工作。国合会委员以个人身份参与国合会工作，众多重要组织的负责人担任委员对于国合会来说大有裨益。

本书的受众不仅是已经了解国合会的人，还包括那些想了解中国如何通过适应性规划和管理方式制定其环境和发展举措的人。国合会这种合作方式对于其他国家来说也具有独特价值，如"一带一路"共建国家以及面临环境与贸易、循环经济、绿色发展、软商品贸易和绿色技术挑战的国家。本书介绍了中国环境与发展的历史进程，其核心价值在于描述了一个基于信任的、稳健的环境与发展国际合作机制的建设、运行和成果；讲述了中国在参与和助力全球环境治理进程中，其思想、政策和行动发生复杂变化的非凡故事。

国合会的工作与成就

本书描述了通过国合会的国际合作所取得的成就及其实践过程。国合会采用的方法包括：①关注长期重大政策议题；②采取综合方法制定涉及一系列具体问题的政策建议，并将这些建议与影响环境与发展进程的大局联系起来；③确定并推荐从地方到国家和全球范围内的创新政策转变。事实上，国合会的工作涉及国家和国际法律法规、市场和经济手段、金融、投资与贸易、制度建设和公众参与等基础／驱动因素，其中许多方面涉及联合国《2030 年可持续发展议程》框架，这有助于促进中国和其他大多数国家在环境与发展领域更加关注综合方法。

国合会为新路径和其他方法提供建议，进而加速改善环境和生态条件的重大经济、财政、法律和社会改革进程，推进与组织需求、加强研发和试点及推广机制相关的事项，并确定适应性规划和管理需求。除来自政府部门的人员外，国合会的专业知识来源还包括研究机构、高校、学术界、民间组织、联合国及其他国际机构、开发银行和中国及国际的领先企业。一直以来，国合会的产出都得益于中外资源的共同支持。

为了建立更好的环境与经济关系，实现"人与自然的和谐共生"这一长期目标，履行联合国《生物多样性公约》等环境公约，中国需要将环境保护纳入主流公共政策。这也是国合会成立至今一直努力的方向。

本书的第四章聚焦在国合会的研究工作。国合会研究方向的变化表明，虽然某些议题正如预期一样反复出现，但随着时间的推移，其侧重点也会发生变化。例如，国合会关于能源使用的早期研究证明了风能和太阳能的巨大潜力，随后研究重点转向了限制煤炭消费的经济可行性、通过设定碳强度目标倡导低碳经济对中国的价值，以及后来的碳税和碳排放权交易体系研究，现在则是研究实现《巴黎协定》目标的额外机制。其他主要议题也经历了类似的变化，包括自然资源管理、生态恢复和生物多样性保护，以及土地、淡水和海洋污染等问题。此外，国合会还关注有关环境风险及其应对的议题，包括土壤污染、汞污染、农业污染物、河流和海洋中的塑料污染，尤其是与中国"污染防治攻坚战"相关的议题（大气、水和土壤）。

中国政府采纳的政策建议中最成功的一项，是对有效的环境和发展工作所需的关键性支持和赋能因素的研究。其中包括关于环境立法和法规的建议，涉及循环经济、贸易与环境、基于市场的手段、海洋资源可持续利用、流域管理、城乡绿色发展的议题。

在围绕这些具体议题提出建议的同时，国合会还提出了强化体制建设的建议：一是建议改善各级政府之间的协调机制；二是加强政府中环境部门的能力和影响力；三是寻求不同领域之间的协同合作，如气候变化与污染防治、基于自然的解决方案、城乡发展中的基础设施建设，以及绿色发展的各类创新机制。

激励机制是国合会的研究重点之一，如完善生态补偿、中国金融行业的绿色化，以及绿色税制改革。第六届国合会的主要研究和政策建议包括强调可持续生产和消费（重点关注消费者选择）、"一带一路"沿线国家对环境与发展投资的关注，以及其他需要全面规划和全新观点的重大跨领域问题，如绿色技术创新、绿色城镇化和绿色生产。

本书的第五章对国合会过去的工作进行了较为详细的分析和回顾。按照五个类别呈现一些重要研究主题，分别为：①人与自然和谐共生的关系；②全方位的污染防治；③能源、气候变化与低碳经济；④绿色金融、投资与贸易；⑤环境治理与发展。

国合会每年年会上都有五个到十个独立研究团队展示他们的研究成果和政策建议。这些研究报告在政府部门内外传播，任何希望查阅这些报告的人都可以通过互联网获取。国合会每年在准备向国务院提交政策建议时都会参考大量的资料。每年年会召开之前，国合会委员会收到政策建议草案，然后对草案进行审查并提出进一步修改意见。政策建议草案经过讨论和修改后，在年会闭幕时批准通过。这一严谨的过程确保了每个研究团队的研究投入最终转变为与年会主题相关的一份连贯统一、意见一致的政策建议。从建立研究团队到完成研究总结报告、获取国合会委员意见和形成最终提交给国务院的政策建议，整个过程一般需要10个月到12个月，甚至更长的时间。在某些情况下还需要召开会议，以便在必要时直接向高级领导人提出建议。

本书的第六章介绍了国合会的伙伴关系及其他活动。通过这些伙伴关系和活动，国合会进一步提升能力，增加了对专业知识和意见的直接了解，同时在国内外建立战略外联渠道。因而，对于企业、行业协会、领先的可持续发展机构、绿色金融投资组织，以及影响环境与发展进程的信息技术、"大数据"和其他互联网发展的国内外组织而言，国合会发挥了更大的作用。国合会还更加重视与省级及以下地方官员等特定群体的沟通交流和能力建设，这有助于提高官员对转型变革的理解，了解他们对环境与发展的需求和关切，从而获得更好的环境与发展成效。国合会在中国境内外组织的专题活动通常都会有非常具体的议题和结果预期。尤其在刚刚结束的第六届期间，国合会开始探索走出国门，通过自有平台向国际社会发出声音，与其他国家分享中国值得借鉴的良好实践。

与中国五年规划及更长期计划中的重点工作保持一致

国合会的工作时间安排很大程度上受中国五年规划的影响，选定的研究课题和国合会年会主题都具有战略意义，使其内容和建议可以与政府的重点工作保持一致。国合会特别会议通常会在新的五年规划出台前一年召开，以便更好地服务于五年规划。通过情景开发和建模，国合会可以进行更长远的展望。这些展望能够提供有用信息，但无法预估其成效，因为中国同世界一样都处于快速变化中。

转型变革

国合会的建议一直以来都用于助推转型变革，有时立竿见影，有时以循序渐进的方式持续多年。政策转型的驱动因素（尤其兼具国内外因素的政策）能够创造新的机遇，但也凸显出挑战的复杂性。因此，一时有效的政策常常会被国合会重新审查和改进，有时国合会甚至会建议对政策进行重大调整。

绿色和可持续发展转型已成为中国乃至全球的首要目标。在国合会30年来的工作中，我们观察到环境与发展的关系发生了许多重大的积极变化。然而，挑战仍然存在，需要政府各部门和全社会共同行动。从2015年开始，直至2035年，中国要齐心协力推进生态文明建设，这是实现未来繁荣与安全的根本遵循。在这20年间，新的绿色技术将相继涌现，发展重点将发生转变，生产消费规划与管理行为也将有所改变。对于中国而言，这一举措旨在塑造中国在世界上的形象，并完成向现代化国家的转型。

30年来，关于自然的研究（包括生物多样性保护、自然资源管理、生态服务和生态恢复）在国合会的工作中占据了非常重要的地位。在这30年间，我们看到生态保护的实施方式发生了巨大转变，从禁伐禁渔、自然保护区机制的变革性转变、生态红线、加强生态环境保护到流域与海岸带综合管理。对于上述每项课题，国合会都汲取了多方智慧开展研究。

近期治理转型中对生态的重视也印证了这些研究的价值，包括从国家到地方层面的行政安排（例如，2018年机构改革，组建生态环境部，以及2016年对长江经济带生态可持续发展的重视）及各种财政措施。国合会高度重视生态文明这一理念，并支持此类价值观驱动的国家政策的转变。其中一个重要的经验是，生态文明可以作为一个大的框架，将一个领域内的各种行为体聚集在一起共同进行绿色转型。例如，国合会在2015—2017年及之后与金融行业合作，政策建议涉及银行、各监管委员会和行业其他参与方，金融领域各参与方一致同意指导方针的转型，参与并推进生态文明建设。

在研究"前沿"或跨领域问题时，关于转型变革的见解呈现出真正的价值。其中一个最具挑战的情况是城镇化叠加乡村振兴需求。

基于国合会在应对转型变革方面的核心需求，以下几点有待进一步思考。

（1）国合会许多议题并没有单一的研究终点。很多情况下，转型变革需要长期持续的努力，其目标和路径更有可能会在数年甚至数十年内不断变化。因此，需要与时俱进，随着目标和路径的变化，不断调整规划和管理方法。

（2）对于中国某些环境与发展问题而言，转型变革成本高昂，但如果将不作为的全部成本和健康、环境或其他外部因素的成本考虑并计算在内，则寻求转型变革路径的成本通常会更低。

（3）某些转型变革（如试点后全国推广、行为变化、新技术应用）取得初步效益的时间通常很长，有时甚至需要几十年。领导小组和其他特殊机制能有效应对此类挑战。

（4）一个普遍的担忧是，绿色技术从实验室转化为成熟的商业化产品并实现产业化往往进展缓慢。但中国在国内外部署风能、太阳能，并迅速取得成绩，着实令人惊讶。此外，与许多其他国家相比，中国电动汽车产量增长更快，且类型和规模更加多样。

（5）中国高度依赖贸易和投资，尤其是加入世界贸易组织及签署各种双边、多边贸易协定之后，中国经济虽然加速发展，但也导致了在某些环境与发展转型需求方面进展放缓。中国在国际合作方式中加速转型变革也意味着重大机遇，尤其是对于"一带一路"共建国家而言。

（6）人们普遍认识到，新冠感染疫情对各国造成的重大影响也是推动某些转型变革的关键。无论是为了实现新型全球化、推动国家经济和社会复苏，还是为了改善生态管理而进行的改革，都是如此。"重建更好未来"的观点似乎逐渐站稳脚跟，而实现这一目标的方法并不遥远。现在迫切需要加快实现联合国《2030年可持续发展议程》设定的目标，这意味着无论遇到多少困难，都要更加重视综合发展战略。

中国未来转型变革的基础在于尽可能将社会和政治层面可行的机构能力、融资和法律框架结合起来，推动机制实现创新转变和蓬勃发展。中国需要鼓励更多的群体和个人参与进来，并明确哪些措施切实有效，哪些措施能带来好处，获取这些反馈是很有必要的。国合会过去的经验和见解对未来在上述重点领域提供建议具有重要价值。

未来充满挑战：2035 年及以后

国合会成立 30 周年恰逢全球环境与发展面临挑战之际。近期，联合国环境规划署宣布全球面临三大与人类生存息息相关的"环境危机"：污染、气候变化和生物多样性丧失。新冠肺炎疫情的严重影响和其他因素正在促使全球各个国家审视韧性、全球化和"重建更好未来"（和绿色重建）的各个方面。联合国全球倡议（尤其是《2030 年可持续发展议程》）旨在为各国和国际社会提供可持续未来的路线图，解决各种各样的问题。本书第七章建议，这些转型和其他国际环境与发展问题应成为国合会这十年的工作重点。

中国计划从现在开始到 2060 年进行新一轮转型变革，继续强调绿色和可持续发展。中国新的努力方向旨在有效衔接"两个一百年"奋斗目标。中国已经实现了第一个百年奋斗目标（1921—2021 年），在中华大地上全面建成了小康社会，历史性地解决绝对贫困问题。第二个百年奋斗目标是到中华人民共和国成立一百年时，即全面建成社会主义现代化强国。到 2035 年基本实现社会主义现代化需要推进生态文明建设中的转型变革。中国的愿景还包括将中国的发展经验分享给其他国家，尤其是其他发展中国家。中国也希望未来在全球环境治理中发挥更大的作用。

中国提出力争在 2060 年前实现碳中和，以应对全球气候变化危机。中国承办《生物多样性公约》第十五次缔约方大会，彰显了对生态安全的关注，这与《生物多样性公约》到 2050 年全面实现人与自然和谐共生的全球愿景相一致。我们认为，后疫情时代的全球化将与之前有很大不同，特别是与 20 世纪 90 年代中期以来在世界贸易组织和区域贸易协定下运行的全球化相比。环境安全的全球未来急需绿色增长与投资、绿色发展以及通过其他表述呈现的高质量、包容性发展。中国在未来五年及以后的发展对满足全球需求（如联合国《2030 年可持续发展议程》所涉及的全球需求）至关重要。这些议题在本书的各个章节中均有强调。

为了详细展现国合会所做的工作，阐述国合会的早期研究与近期议题的关联性，本书重点分析了第三届国合会和第六届国合会结束时两项专项评估工作的观点。此外，读者可参阅自 2008 年以来国合会在每年年会上发布的年度政策影响报告，其中汇编了中国在环境与发展方面的政策转变，并尽可能地将其与国合会的政策建议进行了对比。自 2002 年以来，国合会每年均会为年会编写关注问题报告，重点介绍中国和国际上的重大决策及新出现的变化。展望未来，国合会完全有能力继续发挥其作为智库的作用，为国务院和其他部门提供重要建议；通过与企业举行圆桌会议、在年会上举办主题论坛等方式，继续加强与世界经济论坛等重要组织和其他国际机构（如儿童投资基金会、能源基金会和克莱恩斯欧洲环保协会等）的联系，从而获得更多利益相关方的见解。在中国，国合会已经与多家主流媒体建立了合作关系。

当然，与前几届国合会相比，现在人们更加关注或者说需要国合会更多地助推中国在国际进程中发挥作用。国合会章程第五条"使命"提到："国合会以服务中国生态文明建设和全球可持续发展、推动实现美丽中国和绿色繁荣世界为目标，建设成为中国和世界环境与发展领域双向交流平台、促进生态文明建设协作平台、推动完善全球环境治理体系创新平台。"

随着中国的不断发展，其在全球环境和发展事务中发挥着越来越重要的作用。本书第七章就国合会的未来方向、研究议题以及中国不断变化的需求提供了很多其他的思考，如南南合作、"一带一路"倡议、贸易与投资议题（如绿色供应链，尤其是软商品绿色供应链）等。国合会在其 2021 年年会向国务院提交的政策建议中指出，"一场百年一遇的转型正在进行""迈向低碳包容自然和谐的绿色发展新时代"。国合会强调了四项主要建议："坚持全球生态系统的整体性、打造绿色城镇化新范式、协同推进可持续生产和消费、协同推进国内绿色发展目标举措与国际合作及多边治理进程。"第七章还介绍了国合会 2019 年向国务院提交的关于中国"十四五"规划的政策建议，即迈向长期全面绿色发展，并通过构建国际伙伴关系促进目标实现。

对国合会的看法

从供给侧来看，国合会能够基于扎实的研究提出很好的建议，但注重建议相关性、可行性和及时性的需求侧呢？国合会提出的建议是否考虑了中国的国情？这些建议能否对经济产生重大影响，还是会引发社会问题？国合会能否与中外对中国所扮演角色的看法保持一致？关于这些问题的沟通与争辩贯穿国合会各个阶段的工作，包括政府部门执行机构的人员、国合会众多合作伙伴的政策分析人员，以及其他可能受到转型变革影响的相关人员等在内所有相关方都参与到讨论中。

此外，对于与国合会关系密切的人而言，从不同角度参与国合会工作对其有何影响？在本书第八章中，我们请一些长期参与国合会工作的代表提供了看法和意见。另外，我们还从领导人讲话和其他可用材料中提炼出了他们对国合会的看法。

结论

对于国合会而言，未来五年到十年可能是其发挥作用的最关键时期。如上所述，气候变化、生物多样性保护、生态恢复和污染治理等现已成为从地方到全球各个层面面临的主流问题。从现在开始到 2030 年是加速实现可持续发展绿色转型变革的重要机遇期。与十年前相比，中国现在更有能力推进这些转型。一方面，与 1992 年国合会成立之初相比，中国应对这些问题的能力已经显著提高；另一方面，如果现在不进一步推动转型，中国和全球都将面临更加复杂、规模更大、后果更加严重的环境污染问题。

本书的第九章提及 2021 年 2 月 22 日印发的《国务院关于加快建立健全绿色低碳循环发展经济体系的指导意见》的相关报道，其中明确指出："建立健全绿色低碳循环发展经济体系，促进经济社会发展全面绿色转型，是解决我国资源环境生态问题的基础之策。"该指导意见中的每项内容都或多或少地体现了国合会在过去 30 年工作中建议的观点。在本书的结尾引用这一指导意见，既是对前述章节的呼应，也是向所有参与者所付出的努力致敬。

第一章
新型共享模式

China Council for International Cooperation
on Environment and Development 30 Years
Committed to China's Environment and
Development Transformation

一、概述

20 世纪 70 年代末，国际社会开始用现代、全面的方法研究新兴环境与发展问题，彼时中国仍处于改革开放初期。10 年后，许多西方国家成立了专门的环境机构应对日益严重的环境污染等其他风险。与大多数发展中国家一样，中国也在为如何解决这些新问题而苦恼。中国在一定程度上下定决心来应对环境问题，但同时也担心过度强调环境治理会影响经济增长。到 20 世纪 90 年代初期，中国在国内和国际上都面临需要加强环境保护力度的压力。成立于 1992 年的国合会根据国际经验和中国国情确定政策需求，成为加速变革进程的重要平台（专栏 1）。

专栏 1　　目前国合会章程中定义的使命与任务 [1]

使命

国合会以服务中国生态文明建设和全球可持续发展、推动实现美丽中国和绿色繁荣世界为目标，建设成为中国和世界环境与发展领域双向交流平台、促进生态文明建设协作平台、推动完善全球环境治理体系创新平台。

任务

（1）针对中国全面建设小康社会的目标以及社会经济发展五年规划，提供政策咨询、技术支持和经验示范，协助中国政府实施可持续发展战略，推进资源节约型、环境友好型社会建设，实现环境、经济与社会的全面、协调和平衡的科学发展。

---

1 第六届国合会章程。http://www.cciced.net/cciceden/ABOUTUS/Charter/.

（2）关注中国和全球环境与发展问题的相互作用与影响，关注环境与发展问题的全球演变和政策趋势，并与国际社会分享这些领域的研究成果。

（3）促进中国政府考虑并采纳国合会提出的政策、法规、制度等建议，并跟踪和报告相关政策建议的实施进展情况。

1992—2022 年的 30 年，国合会就有关中国和国际事务的一系列环境与发展问题及战略提供政策建议。在这一重要时期，污染、气候变化和生态环境损害等全球环境问题的复杂程度和影响均有所上升[1]。中国已参与解决这些问题，同时也已在国家和地方层面应对自身环境与发展问题[2]。中国面临的经济、社会和环境形势，以及其对国内、地区和全球的影响均发生了巨大变化，其范围和强度均可谓前所未有。这长达几代人的转型所产生的全部成果或经验仍然鲜活且有待研究。中国与全球需要采取更多可持续发展行动，从而避免我们赖以生存的地球陷入环境不宜居的境地。10 年时间，中国完全有能力成为这一进程的引领者。

本书描述了一种独特的长期合作伙伴关系，旨在根据国内外需求和经验识别环境与发展政策创新和战略。国合会由国务院高层发起，并直接向国务院高层提出政策建议。国合会汲取来自众多相关领域的国内外知名人士和组织的研究成果和专业知识，在政府、国际组织和科研机构之间发挥作用。凭借其相对灵活的组织架构，国合会不仅可以迅速提供政策建议，也可以提供一些长期、代表性的见解。国合会还可以利用国内外许多现有资源，开

---

1 联合国环境规划署. 与自然和平相处：应对气候变化、生物多样性丧失和污染危机的科学蓝图 [EB/OL]. 2021. https://www.unep.org/resources/making-peace-nature.
2 解振华. 中国的绿色发展之路 [M]. 北京：外文出版社, 2018: 302.

展跨学科的科学循证工作。国合会的专业知识来自政府部门、研究机构、民间组织、联合国和其他国际机构、开发银行以及国内外领先企业。一直以来，国合会的产出都是基于国内外资源的共同投入。

国合会代表了一种国际/国家新型共享模式。在这种新型共享模式中，各方通过独立、开放和平等的交流研究重要问题，坦诚相待，相互理解，并探索重要环境与发展问题的替代解决方案。国合会为各类新路径和方法提供建议，从而加速重大经济、财政、法律和社会改革进程，推进与组织需求、加强研发和试点及扩大规模机制相关的事项，并确定适应性规划和管理需求。参与其中的中方和外方领导者对国合会充满信心，相信国合会能够在中国制定关于绿色发展和生态文明的国内新政策以及努力推进全球可持续发展的过程中提出有益的见解建议。2022 年，国合会将进入第七个五年阶段（第七届国合会）。

撰写本书的基本目的是阐述通过国合会的国际合作方法所取得的成就及其实践过程。国合会采用的方法包括：①长期关注重大政策议题；②采取综合方法制定涉及一系列具体问题的政策建议，并将这些建议与影响环境和发展进程的大局联系起来；③针对如今通常被称为全球"环境紧急状态"（污染、气候变化和生物多样性/生态保护和恢复）的问题提出创新性政策协同。事实上，国合会的工作不仅包括上述内容，还涉及国家和国际法律法规、市场方法和经济手段、金融、投资与贸易、制度建设和公众参与等基础/驱动因素，其中许多方面都涉及联合国《2030 年可持续发展议程》的框架。

国合会取得的一些关键性成就包括建立对环境问题及其影响的认识；识别解决方案的方法学和所需的政策工具；推荐中期政策执行的方向及路线图；建立关系，开拓视野，培养能力，了解最佳实践路径以及如何在中国、区域或全球范围内应用这些方法；在地方层面开展政策建议的试点工作。国合会工作涵盖的议题范围很广，主要包括以下内容。

- 生态文明、可持续发展、综合发展；
- 绿色转型；
- 绿色治理；
- 法治；
- 经济、绿色金融、投资与贸易；
- 社会发展，包括公民社会参与环境和发展事务、卫生和教育；
- 生态系统、生态服务和生物多样性保护；
- 能源、环境和气候变化；
- 个人和企业的环境与发展问题和责任，包括可持续消费；
- 在中国和国际上规划可持续发展和环境保护，包括《2030 年可持续发展议程》；
- 污染防治、管控和缓解；
- 区域和全球参与；
- 绿色农业、工业化、城镇化及运输；
- 科学、技术和创新。

本书深入研究了由中国政府批准成立、与众多国内外伙伴合作的国合会，如何被认可成为向国务院领导层提供独立可信的政策建议的高层咨询机构。通过国合会委员、研究贡献者和支持机构，一些国际机构和国家至少可以在一定程度上实现其在重点关注的环境与发展问题上与中国深入合作的愿望。

对于数千位曾参与某项或多项国合会活动的同人来说，新的机会窗口已经打开，友谊与联系已经建立，为理解和解决环境与发展问题所带来的艰巨挑战的新途径业已开辟。国合会的部分委员和专家、捐助方以及其他合作伙伴在国合会成立以来的整整

30 年中一直参与其中。随着优先领域的转变，新的合作伙伴关系已经出现，新的见解也有助于国合会不断发展。当然，本书无法涵盖国合会提出的所有举措，也无意作为评估或项目评审文件。国合会所有政策建议、研究报告和年会主要成果的中英双语文件均可在网上获取。

绿色和可持续发展转型已成为中国乃至全球的首要目标。国合会从成立之初就认识到，应同时从中国和全球的角度出发考虑相应的举措，因此国合会形成了"具有中国特色"的政策建议。如本书所述，在国合会过去 30 年的工作中，见证了环境与发展关系中的诸多积极变化，但主要挑战依然存在，需要政府各部门和全社会共同行动。

从 2015 年开始，一直到 2035 年，中国要齐心协力推进生态文明建设，这是实现未来繁荣与安全的根本道路。在这 20 年间，新的绿色技术将相继涌现，生产消费规划与管理的模式及行为也将有所改变，这些举措旨在塑造中国在世界上的形象，并帮助中国完成向现代化国家的转型。其核心是到 21 世纪中叶建设一个人与自然和谐共生的社会。

国合会议题范围覆盖较广，既包括具体议题，如减少汞的使用、具体领域的环境法、土壤污染、生态红线等，也包括宏观议题，如生物多样性保护、能源和气候变化、人类和地球健康、全球绿色治理、环境与贸易、绿色城镇化、绿色技术创新、绿色金融、公众参与，以及土地、淡水和海洋的可持续利用。

国合会通过由工作组、课题组、专题政策研究人员和中外专家参与的圆桌会议对上述及其他议题开展了详细研究。这些研究的政策建议在提交给国务院之前，将由国合会委员在国合会年会上进行审议，且必须满足两个条件：①国合会中外专家和委员以合作的方式开展工作并进行讨论，②研究成果将向所有感兴趣的人开放[1]。

国合会主席为中共中央政治局委员、国务院副总理级别的官员。国合会由生态环境部部长和来自国际社会的同级别人员组成的小规模主席团负责监督。国合会章程从成立之初就已经制定，章程的修订由中国政府和国合会的主要捐助方共同商定，通常会在新一届国合会启动时进行。章程的任何变更均须由国合会委员正式批准同意。

二、连续性、变化及进展记录

当国合会成立时，上述这种模式在全球尚无先例可循。时至今日，国合会仍然是一个独特的组织，利用国内外领军人物和组织的经验和才能，打造"智囊团"，直接向中国政府最高层提供政策建议。同时，国合会也在国际层面上努力增进国际社会对中国在环境与发展领域的做法、关切和需求的理解。30 年来，国合会获得了稳定、全面的资金和其他支持，保证了其在研究议题和政策建议方面的广泛性。国合会已经持续了六届，每 5 年一届，每年向国务院提供政策建议。即使在新冠肺炎疫情暴发的困难时期，国合会仍以线下和线上会议相结合的方式继续开展研究和工作。

对于国合会而言，未来 5 年到 10 年或将成为其成立以来最为关键的时期。诸如应对气候变化、生物多样性保护、生态恢复和污染治理等紧迫问题现已成为从地方到全球各个层面的主流议题。2021—2030 年这 10 年是加速实现可持续绿色发展转型变革的重要机遇期。当然，与 10 年前我们发布《国合会 20 周年：

---

1 可查阅 http://www.cciced.net 和 https://cciced.eco，以及 1992 年至 2019 年 4 月的存档报告 https://www.sfu.ca/china-council/overview.html.

活动、影响与前景》[1]时相比，现在的中国能更好地处理环境与发展问题。国合会前 20 年的政策建议主要关注的是中国国内需求，对中国在环境与发展领域的全球作用，尤其是潜在引领作用方面思考有限。不过，这种情况已经发生了变化，并将在新的10 年中进一步发生变化。

国合会每年留下的诸多数字化资料，包括工作组和课题组发布的专题政策研究报告、圆桌会议和其他特别会议文件，以及年会向国务院提交的政策建议和其他重要文件[2,3]都为本书的撰写提供了参考材料。我们还查阅了许多演讲稿、研究报告、独立文章和其他文件。此外，我们还参考了有关中国环境与发展的进展和挑战、中国在国际舞台上扮演的角色主题的文献。所有这些信息为我们准确撰写本书提供了坚实的知识基础。

三、了解政策制定并为此做出贡献

国合会的建议助力推动转型变革，这些变革有时立竿见影，有时则循序渐进，整整持续了 30 年。政策是转型的驱动因素，尤其是那些兼具国内和国际因素的政策，能够创造新的机遇，但也凸显出挑战的复杂性。因此，国合会经常会对一时有效的政策重新进行审查和改进，有时甚至建议对政策进行重大调整。

在中国的政策变化过程中，国合会只是做出贡献的众多参与者之一。通常，我们的做法是对新政策和调整后的政策进行跟踪，

---

1 国合会. 国合会 20 周年：活动、影响与前景 [EB/OL]. 2021. https://cciced.eco/wp-content/uploads/2020/06/CCICED-AT-20-. A Report-By-Art-Hanson.pdf.
2《国合会——成功的故事》，一份由国合会秘书处在第三届会议结束时编写的早期文件。
3 国合会的现任首席顾问已经准备了一份有价值的 2017—2021 年年度报告。自 2002 年以来，首席顾问每年都会撰写一份关注问题报告，深入了解当前的形势和需要改善的关键领域（附录 2）。自 2008 年以来，国合会每年都会发布一份年度影响报告。这些报告记录了中国的政策转变，解释了国合会建议如何发挥作用。所有这些信息对本书的编撰均有价值。

并判断其是否与我们的建议相一致。在适当的时候，我们会继续倡导我们认为非常重要但尚未被采纳的建议。非常重要的一点是，国合会的工作重点发生了相当大的转变，从早期主要关注中国国内环境和发展政策需求，到如今（包括未来）主要关注解决方案的共享，以及中国在参与全球和区域环境与发展治理方面与日俱增的兴趣。当然，中国国内的环境问题仍是重中之重。我们希望本书有助于规划第七届国合会（2022—2026 年）相关工作。

四、转型变革、绿色发展与生态文明

中国计划从现在开始到 2060 年进行新一轮全面变革，持续推动绿色可持续发展，提出有中国特色的生态文明和绿色发展目标 [1]，并致力于有效衔接"两个一百年"奋斗目标。目前，中国已经实现了第一个百年奋斗目标，即到建党一百周年建成经济更加发展、民主更加健全、科教更加进步、文化更加繁荣、社会更加和谐、人民生活更加殷实的小康社会。第二个百年奋斗目标是到新中国成立一百年时，把中国建设成为社会主义现代化国家。这些未来变革旨在解决生态恢复问题，建设人与自然和谐相处的繁荣未来，并从根本上解决污染等环境问题。到 2035 年基本实现社会主义现代化需要推进生态文明建设中的转型变革。在国际层面，实现这些远大目标还有很长的一段路要走，所以上述这些中国愿景的实现还需要一定时间。因此，当前国合会工作面临的首要问题是如何让中国经验（如当前正在进行的"污染防治攻坚战"相关经验）在其他国家（尤其是其他发展中国家）发挥更大

---

1 参考亚瑟·汉森 2019 年发表的《中国的生态文明建设》，收录于亚洲开发银行东亚局系列工作报告第 21 号，https://www.adb.org/publications/ecological-civilization-values-action-future-needs；以及《中国日报》2020 年 12 月 3 日发表的《蓝图为绿色发展定下基调》，https://www.chinadaily.com.cn/a/202012/03/WS5fc81cd5a31024ad0ba996c2.html（文章基于国合会"绿色转型与可持续社会治理"专题政策研究）。

的作用。

中国提出力争在 2060 年前实现碳中和，以应对全球气候变化危机。中国于 2021—2022 年承办联合国《生物多样性公约》第十五次缔约方大会，彰显了对生态安全的关注，这与《生物多样性公约》到 2050 年全面实现人与自然和谐共生的全球愿景相一致。未来几十年，包括中国在内的世界各国，无论国力强弱，都可能会遇到更多挑战。我们认为，与 20 世纪 90 年代中期以来在世界贸易组织和区域贸易协定下实行的全球化相比，后疫情时代的全球化将有很大不同。绿色增长和投资、绿色发展以及通过其他表述呈现的高质量、包容性发展，对一个环境安全的全球未来不可或缺。中国在未来五年及以后的发展，对成功满足诸如联合国《2030 年可持续发展议程》所涉及的全球需求至关重要。

五、目标受众

本书不仅面向已熟悉国合会的群体，也面向其他想了解中国是如何以适应性规划和管理方式构建其环境和发展举措的群体。国合会这种合作方式或许对其他国家也具有特殊借鉴价值，例如"一带一路"共建国家，以及面临环境与贸易问题（如循环经济、绿色发展、商品贸易和绿色技术）的国家。本书介绍了中国环境发展史的演变，但其主要价值在于描述了一个基于信任的、稳健的环境与发展国际合作机制的建设、运行和成果，还讲述了中国在参与和助力全球环境治理进程中，其思想、政策和行动发生复杂变化的非凡故事。我们希望本书能够激起各方的兴趣。

第二章
国合会的独特性

China Council for International Cooperation
on Environment and Development 30 Years
Committed to China's Environment and
Development Transformation

一、起源与初期阶段

国合会的孵化始于一群有影响力的中国政府高级官员和一些国际发展专家。曲格平曾参加了 1972 年在斯德哥尔摩召开的联合国人类环境会议，也为中国的环境保护事业发挥了重要作用[1]。他大力推介设立国合会这一设想，其见解兼具重要性与前瞻性。在国合会 1992 年的第一次年会上，曲格平指出，尽管中国进行了大量环境投资和一些环境保护立法工作，但目前仍面临着很大的困难，包括：①自然生态条件恶化；②大气和水污染治理任务繁重；③煤炭作为主要能源现状难以改变；④价格机制不合理导致资源浪费；⑤科学与技术落后。21 世纪初，他阐述了实现经济发展和环境保护并重的挑战。此外，他提出需要通过"生态进化"改善人与自然的关系。这些观点对于国合会初始主题的选择具有重要意义。此外，曲格平还表示："中国在环境保护方面的进步也将为全世界的环境保护事业做出贡献。"

1990 年 10 月在北京举行的中国环境与经济协调发展国际会议提出了建立国合会的建议。马丁·里斯（Martin Lees）在向捐助方（尤其是加拿大、挪威和其他一些捐助国）传递这一想法方面发挥了重要作用。最初的种子基金来自一些国际基金会和联合国开发计划署。建立国合会的目的是打造一个由高水平科学研究人员、政界人士及企业和其他组织的负责人共同参与的高层机构，这一初衷确定了国合会委员的构成。此后 30 年中，国合会委员的背景一直保持着多元化的特点。

国合会首任主席、原国务委员兼国家科委主任宋健和首任执行副主席、加拿大国际开发署原署长马歇尔·马塞（Marcel

---

1 参见马天杰于 2021 年 9 月 23 日在《中外对话》刊登的《1972：回溯新中国环境保护旅程的起点》一文，这篇文章取材于李来来对曲格平关于 1972 年斯德哥尔摩联合国人类环境会议的采访。网址为 https://chinadialogue.net/en/nature/stockholm-1972-chinas-environmental-journey/.

Massé）对国合会的潜在价值深有体会。宋健称其为"开创性的举措和具有崇高的人道主义目标"。他指出："国合会可以推动中国在经济腾飞时期制定协调一致的经济和环境保护政策，从而为解决全球问题做出积极贡献。"他还将国合会描述为一个"智库"。国合会初期的深入研究由五个或六个专题工作组承担，每个工作组的任期为五年[1]。第二届国合会延长了这些工作组的任期，并建立了更多的课题组。

国合会依照第一届国合会开始时商定的章程运作，并根据主要合作伙伴的建议定期对章程进行修订[2]。对章程的修订需国合会委员的正式批准同意。

二、国合会高层领导

国合会首次年会于 1992 年 6 月（里约地球峰会召开前两个月）在北京举行。时任国务院副总理吴学谦在年会开幕式上讲话，时任国务院总理李鹏与委员们进行了长时间的会谈。首次年会奠定了贯穿国合会 30 年的格局，在此后仅稍有调整。多年来，国合会委员每年都与国务院总理会面。1997 年至今，国合会主席一直由国务院主管环境工作的副总理担任。国合会的建议每年提交给国务院供高层参阅。

表 1 为国合会历任领导。六位副总理级官员担任国合会主席，八位部级（或同等级别）官员担任国合会中方执行副主席，七位加拿大国际开发署署长和三位加拿大部长曾担任外方副主席。国合会委员就国合会事宜与至少四位总理进行了会面。温家宝在担任国务院副总理和总理期间，先后十五次会见了国合会委员。

1 1993 年国合会工作组名称分别为生物多样性保护、能源战略与技术、中国环境监测与数据分析、污染控制、资源核算与定价政策、中国科学研究、技术开发培训，1995 年新增贸易与环境工作组。
2 参见 http://www.cciced.net/cciceden/ABOUTUS/Charter/.

表 1　国合会历任领导

国合会届次	主席	中方执行副主席	外方执行副主席	秘书长
第一届（1992—1996 年）	宋健，时任国务院委员（副总理级）（1992—1997 年）	曲格平，时任国家环境保护局局长（1992—1993 年）；顾明，时任全国人大法律委员会副主任委员（1992—1996年）	马歇尔·马塞（1992—1993 年）、霍盖特·拉贝尔（1994—1996 年），时任加拿大国际开发署署长	解振华，时任国家环境保护局副局长（1992—1993 年）
第二届（1997—2001 年）	温家宝，时任国务院副总理（1998—2002 年）	曲格平，时任全国人大环境与资源保护委员会主任委员（1997—2001 年）；解振华，时任国家环境保护总局局长（1998—2001 年）	霍盖特·拉贝尔（1997—1999 年）、古德（2000—2001 年），时任加拿大国际开发署署长	张坤民，时任国家环境保护局副局长（1997—1998 年）
第三届（2002—2006 年）	曾培炎，时任国务院副总理（2003—2007 年）	解振华，时任国家环境保护总局局长（2002—2005 年）；周生贤，时任国家环境保护总局局长（2006 年起接任）	古德（2002 年）、齐博（2003—2004 年）、格林希尔（2005—2006 年），时任加拿大国际开发署署长	张坤民（2002—2003 年）、祝光耀（2003—2006 年）时任国家环境保护总局副局长
第四届（2007—2011 年）	李克强，时任国务院副总理（2008—2011 年）	周生贤，时任国家环境总局局长/环境保护部部长/生态环境部部长（2007—2011 年）	比格斯，时任加拿大国际开发署署长（2007—2011 年）	祝光耀，时任国家环境保护总局副局长/环境保护部副部长（2007—2009 年）；李干杰，时任环境保护部副部长（2010—2011 年）
第五届（2012—2016 年）	张高丽，时任国务院副总理（2013—2016 年）	周生贤，时任环境保护部部长（2012—2015 年）；陈吉宁，时任环境保护部部长（2015—2016 年）	肯特，时任加拿大环境部部长（2012—2014 年）；凯瑟琳·麦肯娜，时任加拿大环境与气候变化部部长（2015—2016 年）	李干杰，时任环境保护部副部长（2012—2016 年）

国合会届次	主席	中方执行副主席	外方执行副主席	秘书长
第六届（2017—2021 年）	张高丽，时任国务院副总理（2017—2018 年 5 月）；韩正，国务院副总理（2018 年至今）	李干杰，时任环境保护部部长 / 生态环境部部长（2017—2020 年 4 月）；黄润秋，生态环境部部长（2020 年 4 月至今）	凯瑟琳·麦肯纳（2017—2019 年）、乔纳森·威尔金森（2020—2021 年），时任加拿大环境与气候变化部部长	赵英民，时任环境保护部副部长 / 生态环境部副部长（2016 年至今）

三、组织与管理

国合会章程规定了其基本组织架构（表 1）。两名执行副主席由生态环境部部长和加拿大环境与气候变化部现任部长出任，与其他几位中方和外方副主席一道组成主席团，为国合会活动的规划和实施提供高水平的运营监督。

国合会秘书处总部位于北京[1]。国合会秘书长由生态环境部（原环境保护部、原国家环境保护总局、原国家环境保护局）主管国际合作事务的副部（局）长担任，全面负责和指导国合会日常运作与管理，必要时任命副秘书长和助理秘书长。

国合会在加拿大设立了秘书处国际支持办公室[2]，为国合会外方委员、合作伙伴和研究项目提供服务。

自 2002 年以来，一名中方首席顾问和一名外方首席顾问，为秘书长和秘书处、国合会委员以及包括国合会合作伙伴和研究团队在内的其他各方提供相关建议。首席顾问同时也是国合会委员，全面参与国合会工作，列席国合会主席团会议，撰写关注问

1 国合会秘书处位于生态环境部对外合作与交流中心环境国际公约履约大楼，参见 http://en.fecomee.org.cn/Focal_Areas/202103/t20210323_825650.html.
2 国合会秘书处国际支持办公室最初设在加拿大不列颠哥伦比亚省温哥华市西蒙弗雷泽大学，如今设在加拿大渥太华国际可持续发展研究院。加拿大前驻华大使杜蔼礼（Earl Gordon Drake）为首任主任（1992—2010 年），其继任者为戴格（Chris Dagg）和露西·麦克尼尔（Lucie McNeill）。大多数中外委员和研究团队成员都很熟悉戴易春，她从 1992 年到 2019 年年初在秘书处国际支持办公室工作。

题报告等关键性文件，起草年度政策建议，审核工作计划和研究报告的内容，并代表国合会发言。他们的工作也得到了国内外一些环境和发展专家的支持。先后担任中方首席顾问的有孙鸿烈（2002—2004 年）、沈国舫（2005—2016 年）、刘世锦（2017年至今）；外方首席顾问包括亚瑟·汉森（Arthur Hanson）（2002—2019 年）和魏仲加（Scott Vaughan）（2019 年至今）。

值得一提的是，国合会的活动由生态环境部负责管理，但国务院副总理担任国合会主席，每年出席国合会年会并发表重要讲话。国合会邀请中外专家联合开展政策研究，通过每年举办一次的全体委员年会，讨论形成给中国政府的年度政策建议，并以书面形式报送国务院和有关部门以及地方政府。

四、资助伙伴

国合会资金由一系列合作伙伴提供，目前中国出资最多。国合会每年获得的资金金额有所不同，但不低于 500 万美元，此外还有大量的实物支持。自国合会成立以来，加拿大一直是主要国际捐助方，挪威、德国和瑞典等其他一些捐助方也长期提供支持，法国、澳大利亚、日本、意大利、瑞士等国和欧盟等地区组织都曾作为捐助方。以上这些多为长期捐助方，国合会也会不断吸纳新的捐助方。其他捐助方还包括国际和中国企业、国际非政府组织、联合国环境规划署、联合国工业发展组织和联合国开发计划署等联合国机构和其他国际机构（如亚洲开发银行）。合作伙伴经常为国合会活动提供重要服务和其他重要实物捐助。历届国合会国际合作伙伴 / 捐助方见附录 1，更多信息见 http://www.cciced.net。国合会许多捐助伙伴经常为国合会的活动提供大量人员支持。事实上，在许多情况下，若缺少他们的帮助和支持，国合会活动将难以顺利完成。

五、国合会委员与特邀顾问

1992年至今的所有国合会中外委员名单均可在国合会网站获取。所有委员均以个人身份参与国合会工作，任期通常为五年，可以连任。国合会委员由中方委员和外方委员组成，外方委员人数稍多。专栏2列举了部分国合会外方委员。此外，一些国际专家因其专业知识和经验受邀担任了特邀顾问，还被邀请加入研究团队，应邀参加年会和其他国合会活动。除参加本研究团队的会议外，研究团队负责人通常还会参加年会及一些其他活动。

专栏2　部分国合会外方委员（曾任及现任）

英格·安德森（Inger andersen），联合国环境规划署执行主任、联合国副秘书长、国合会副主席。

贝德凯（Peter Bakker），世界可持续发展工商理事会会长兼首席执行官。

罗杰·比尔（Roger Beale），澳大利亚环境与遗产部前副部长。

博尔格·布伦德（Børge Brende），世界经济论坛总裁。

凯瑟琳·戴（Catherine Day），欧盟委员会前秘书长。

克里斯塔利娜·格奥尔基耶娃（Kristalina Georgieva），国际货币基金组织总裁兼主席、欧盟前副主席、世界银行集团前首席执行官。

维达尔·赫尔格森（Vidar Helgesen），诺贝尔基金会执行董事、挪威前气候与环境大臣。

石井菜穗子（Naoko Ishii），东京大学理事、未来愿景研究中心教授、全球公共中心主任，全球环境基金前首席执行官兼主席。

弗朗西斯科·卡梅拉（Francesco La Camera），国际可再生能源署总干事。

马丁·里斯（Martin Lees），经合组织和国际应用系统分析研究所系统方法战略伙伴关系主席、联合国前科学技术助理秘书长、罗马俱乐部秘书长。

马克·兰博蒂尼（Marco Lambertini），世界自然基金会全球总干事。

拉什-埃里克-里杰兰德（Lars-Erik Liljelund），战略环境研究基金会（Mistra）前执行董事，瑞典环境保护局前局长。

马赛尔·马塞（Marcel Massé），加拿大国际开发署前署长。

迈克尔·麦克尔罗伊（Michael McElroy），哈佛大学环境科学教授。

德克·梅森纳（Dirk Messner），德国联邦环保署署长。

凯瑟琳·麦克劳克林（Kathleen McLaughlin），沃尔玛基金会主席，沃尔玛公司高级副总裁兼首席可持续发展官。

安德鲁·斯蒂尔（andrew Steer），贝索斯地球基金总裁兼首席执行官。

阿奇姆·施泰纳（Achim Steiner），联合国开发计划署署长、国合会副主席。

尼古拉斯·斯特恩勋爵（Lord Nicholas Stern），英国伦敦政治经济学院格拉瑟气候变化与环境研究所所长。

克里斯宾·梯克尔爵士（Sir Crispin Tickell），英国前驻联合国大使、联合国安理会常驻代表。

谢孝旌（Hau Sing Tse），非洲开发银行执行董事。

劳伦斯·图比娅娜（Laurence Tubiana），欧洲气候基金会首席执行官。

章新胜，世界自然保护联盟（IUCN）理事会前主席、生态文明贵阳国际论坛（EFG）执行秘书长。

坎德·云盖拉（Kandeh Yumkella），联合国工业发展组织前总干事，"人人享有可持续能源行动计划"前执行总裁。

六、研究团队

国合会于 1992—1993 年开始其研究计划，并于 1992 年 4 月向国务院提供初步建议。在每年年会（通常在北京举行，有数百人参加）上，国合会将根据已有研究、委员审议和其他意见，编制一份简明扼要的建议。国合会委员每年向国务院提交简要的政策建议，并与国务院副总理级或总理级领导会谈。政策建议和完整的报告将在政府相关部门分发传阅，并在网上公开。特定情况下，政策建议也会在两次年会期间提交，以快速响应决策需求。

国合会旨在尽可能广泛地传播政策研究成果。如今，为期三天的年会吸引多达数千人线上线下参与，其他嘉宾还可以在线参与主题论坛。此外，国合会通过与国际可持续发展研究院的合作，以国际可持续发展研究院会议报道形式高效总结年会活动情况。对专题政策研究报告、年度政策建议等文件进行完整记录，并每年将其汇编成《中国环境与发展国际合作委员会年度政策报告》

正式出版或以其他方式发布。相关文件也永久存档于国合会网站，且关键内容均有中英文版。与此同时，多年来专家和研究团队基于国合会研究工作，还出版和发表了大量专著和同行评审论文。

研究团队是国合会工作的核心。每个团队都包括中外组长、核心成员（中外各 5 人）、其他专家顾问以及中外协调员。一般而言，每个团队的平均规模（包括核心成员以外的专家）为 50 人左右，如果包括评审人和交流者，团队规模则要超过 50 人。每位团队成员的任期各异，目前通常为 1 ～ 3 年，但根据目标和需要有一定的灵活度。除必要的背景报告外，每个研究团队通常还需要提交一份 30 页左右的总结报告，并在国合会年会上汇报交流。研究报告内容由中外首席顾问监督、指导。

国合会研究最重要的特点是时效性强，可信度高，能够基于特定目标开展研究，适时提出高质量的政策建议。首席顾问将根据各研究团队提交的成果起草一份综合性政策建议。国合会委员通常在年会上围绕政策建议草案展开讨论，加以修改后提交至国务院，也会分发给政府相关部门和其他感兴趣的受众。许多资助合作伙伴也会直接参与国合会的政策研究，有时会为特定研究项目提供全部资助，但任何一个合作方都不能只推荐来自自己国家或机构的成员加入重点研究项目。因为国合会始终秉承多元化的原则，即通过邀请来自不同背景的专家加入研究团队，带来多元化的观点。

七、1992—2021 年六届国合会（每五年一届）的主题

国合会秘书处和首席顾问的核心工作包括研究议题的选择、工作大纲的编制、研究质量的监督与指导、政策建议等重要文件

材料的编撰。通常每年有 8 ～ 10 个研究团队在开展工作。

从国合会成立之初起，环境治理、金融、环境和资源经济学、科技创新及市场机制的作用等就一直是重点关注的研究方向。如今，这些研究方向通常表述为其在生态系统健康、可持续发展、生态文明、绿色发展以及社会激励和参与等方面发挥的作用，或以新的议题名称出现，如可持续消费、贸易和投资等。随着时间的推移，部分议题成果已扩展为满足全球和区域需求的协作机制，或是已分拆为双边或其他合作倡议。即便如此，其中部分项目仍与国合会紧密联系，如绿色"一带一路"倡议、多种节能举措、亚洲开发银行／中国长江流域绿色发展倡议、与中国可持续发展工商理事会等机构开展的商业活动等。

专栏 3 概述了过往六届国合会开展的研究工作。从第三届国合会（2002—2006 年）开始，国合会每年年会都会确定一个特定主题，以确保相关议题之间的一致性和协同性。尽管每年主题下都可能会有多项独立研究，但此举经检验是行之有效的。在国合会年度主题下，还会开展圆桌会议、专题会议、由国合会与其合作伙伴共同组织的主题论坛等会议活动，并撰写国合会关注问题报告等。

专栏3 六届国合会的主题及第三届至第六届年会主题

第一届国合会（1992—1996 年）：强调独立长期课题组。

生物多样性保护、能源战略与技术、中国环境监测与数据分析、污染控制、资源核算和价格政策、贸易与环境（1995 年起）、经济计划与环境保护、中国科学研究、技术开发与培训。

第二届国合会（1997—2001 年）：强调延续首届国合会成立的课题组，并重视农村地区和生态系统保护。

清洁工业生产、企业发展与环境、污染控制、能源战略与技术、环境与交通、环境经济、环境保护与经济规划、生物多样性、森林和草原、可持续农业、贸易与环境。

第三届国合会（2002—2006 年）：按领域分别引入年会年度主题。

2002 年 环境、发展与政府

2003 年 小康社会与新型工业化道路

2004 年 农业和农村可持续发展

2005 年 可持续城镇化

2006 年 科学发展与小康目标

第四届国合会（2007—2011 年）：综合方法和转型变革。

2007 年 创新与环境友好型社会

2008 年 机制创新与和谐发展

2009 年 能源、环境与发展

2010 年 生态系统管理与绿色发展

2011 年 经济发展方式的绿色转型

第五届国合会（2012—2016 年）：包括制度创新的绿色发展治理。

2012 年 区域平衡与绿色发展

2013 年 面向绿色发展的环境与社会

2014 年 绿色发展的管理制度创新

2015 年 绿色转型的国家治理能力

2016 年 生态文明：中国与世界

第六届国合会（2017—2021 年）：高质量发展，与联合国《2030 年可持续发展议程》和"一带一路"倡议相关的国际合作需求，以及在三重全球紧急情况及新冠肺炎疫情下绿色复苏的加速发展。

本届国合会设有四个课题组（全球治理和生态文明，绿色城镇化和环境改善，创新、可持续生产和消费，绿色能源、投资和贸易），每个课题组又下设了不同的专题政策研究方向。

2017 年 生态文明在行动：迈向绿色发展新时代

2018 年 创新引领绿色新时代

2019 年 新时代：迈向绿色繁荣新世界

2020 年 从复苏走向绿色繁荣

2021 年 共建人与自然生命共同体

第七届国合会（2022—2026 年）已获批成立，详细工作计划正在准备中。

八、国合会 30 年长期出现的研究议题

重点研究议题的焦点及内容时常会发生变化，有些议题不会延续，而有些则会以相同或不同形式持续出现。最明显的例子是污染控制，随着政策持续发生巨大变化，研究项目重点也随之改变。以空气污染治理为例，前两届国合会对此问题进行了原则性的梳理，着重关注命令控制型手段，如 20 世纪 70 年代经济合作与发展组织国家使用的方法。到第三届国合会，工作重点则转向了控制特定局地污染物，尤其是二氧化硫。之后 $PM_{2.5}$ 和近地臭氧问题成为北京等城市雾霾的主要原因，研究重点也随之变化。如今，国合会研究更多关注空气污染防治和气候变化减缓举措之

间的协同作用。尤其是在认识到这些问题的区域影响并在国合会及其他组织的建议下开展行动之后，多污染物的协同治理受到高度关注，现阶段解决方案已朝着排放交易和其他的创新方向发展。尽管已取得了较为长足的进步，但中国各地空气污染形势依然严峻。污染防治攻坚战还需十年或更长时间才能完全获得胜利。但令人鼓舞的是，不仅蓝天保卫战取得了明显进展，而且在污染最严重的地区，水质也有所提升。

对于中国城乡发展低碳经济等其他主题，全面有效的政策到位需要的时间会更长，可能会长达数十年之久。国合会的重要优势之一是其拥有可以提供长期、有益政策建议所需的研究基础、共识和合作网络。长期和短期的需求及收益都要兼顾，这往往促使国合会研提包含政策选项和替代方案的长期"路线图"。例如，在能源和环境领域，在其他人还未关注之前，第一届和第二届国合会的研究就识别出风能和太阳能等可再生能源的发展潜力。国合会 2008—2010 年的研究为能源与环境和低碳经济的根本转型奠定了基础。从那时起，国合会就开始对淘汰煤炭、污染防控与应对气候变化之间的协同作用，以及减少化石燃料使用的市场机制等方面进行多项研究。国合会也对中国与世界的双向交流给予特别关注，寻求国内和国际惠益。随着环境与发展问题成因及影响复杂性的与日俱增，这些方法在未来可能会更具价值。

其他持续性、长期性议题有循环经济、绿色技术创新和发展；包括生态补偿在内的基于市场的绿色发展经济激励制度；绿色金融和投资；绿色空间规划，包括生态红线、生物多样性保护、国家公园体系、海洋保护区和流域综合管理；绿色贸易、可持续农业和粮食系统、可持续生产和消费、可持续城镇化、生态恢复、乡村振兴、环境与发展指标、促进绿色发展的绿色法律法规、治理与制度建设、中国与世界环境问题及国际发展合作的绿色化。

其他重要议题：如包括企业社会责任在内的商业参与、健康与环境、风险管理、文化和社会影响、公众参与等也不时在国合会工作中出现。这些议题不能忽视，在特定年份会在不同的倡议中被广泛提及。尽管取得进展需要时间，但公众参与和可持续性的社会维度仍然具有重要意义。

第三章
转型变革必经的
漫漫长路

China Council for International Cooperation
on Environment and Development 30 Years
Committed to China's Environment and
Development Transformation

1949 年至今，中国在发展历程中经历了比同时期内大多数国家都要多的转型变革。中国最初的改革主要集中在如何满足以农村和贫困人口为主的新国家的基本需求。1978 年的改革开放政策很快就确定以经济建设为中心。中国城市常住人口占比从 1978 年的不到 20%，很快就增至 70%，城镇化显然促进了人口的迁移。与此同时，国家也认识到农村地区同样存在非常重要的环境与发展需求，而这需要数十年的时间才能解决。当前的乡村振兴政策强调"到 2050 年，乡村全面振兴，农业强、农村美、农民富全面实现[1]"。

一、从结构性改革到转型性变革

20 世纪 80 年代到 21 世纪初期，中国的经济指导方针是"结构性改革"，与当时国内外推崇的经济理论一致[2]。早期发展强调粮食生产，以及与第一产业发展相一致的自然资源的采掘及使用。

从 21 世纪的第一个十年开始，随着制造业的崛起以及国际贸易的成功，中国发展的重点逐渐转向第二产业。这是一个产业结构调整和转型变革并存的阶段，此阶段越发关注能源及其他基础设施，而这两者又与城镇发展密切相关。到 2004 年，中国已成为世界上混凝土和钢材等材料的最大单一消费国。中国加入世界贸易组织，创造了惊人的高经济增长率，随之而来的相对繁荣使得中国开始重视第三产业（服务业）的发展。

---

1 新华网. 背景：中国乡村振兴战略 [EB/OL].(2021-02-22). http://www.xinhuanet.com/english/2021-02/22/c_139759111.htm.
2 有关结构性改革和转型性变革之间差异的示例，请参阅伊斯兰、艾弗森 2018 年发表的《从"结构性改革"到"转型性变革"：基本原理和影响》（联合国经济和社会事务部第 155 号工作文件 ST/ESA/2018/DWP/155）第 32 页。

尽管 2008 年国际金融动荡，结构性变革仍发挥重要作用，中国经济继续保持较高的增长速度，同时政府对第一、第二、第三产业进行了现代化体系改造。从生产和消费总量来看，中国的温室气体排放从极低上升至全球较高水平。不过，如果按人均排放量和历史累积排放量计算，则是另外一个结果。

环境质量的改善难以抵消经济增长带来的影响。在追求经济繁荣的同时，中国的环境治理体系却不够完善，无法有效应对污染控制、土地资源和水资源可持续利用以及其他严重的环境和发展问题。早年间，中国的现代化环境治理能力比较薄弱。然而到了 1990 年，在国家环境保护局首任局长曲格平等先驱的不懈努力下，中国的环境保护基本制度已初具雏形[1]。

当 1992 年国际社会在里约地球峰会上提出可持续发展的政策路径时，中国政府做出了将环境与发展联系起来的变革性决定，正式设立国合会，并采取诸多应对环境问题的措施。围绕制订国合会工作计划进行的讨论和向中国政府提交的建议从来都不只局限于单纯的环境问题。相反，环境与发展两者之间的复杂关系一直是关注重点。尽管转型性变革并不总是国合会研究的主题，但国合会过往所有的工作都在一定程度上侧重于此。其中，国合会前 20 年的大部分工作针对的都是如何消化过去结构性改革的影响。

国合会委员也参与编写了 1994 年通过的开创性的《中国 21 世纪议程——中国 21 世纪人口、环境与发展白皮书》（以下简称《中国 21 世纪议程》）。尤其是邓楠（邓小平同志之女），她在 1994 年的国合会年会上介绍了《中国 21 世纪议程》

---

1 中国国务院新闻办公室. 中国环境保护. 1996. http://www.china-un.ch/eng/bjzl/t176940.htm.

框架[1]，并指出，国合会在 1993 年年会上讨论的《中国 21 世纪议程》制定的讨论意见对该文件的起草有很大帮助。"我们希望国合会今后的工作与《中国 21 世纪议程》的实施紧密联系在一起。我们将广泛吸收中外双方的知识、智慧和经验，做好未来的工作。"[2]国家主席江泽民和国务院也决定将《中国 21 世纪议程》纳入"九五"计划（1996—2000 年）。邓楠在国合会年会上的发言无疑对国合会产生了持久的影响。《中国 21 世纪议程》当时被确定为实施国家可持续发展战略最先进的举措之一。

2006 年，国务院总理温家宝在第六次全国环境保护大会上强调了"三个转变"：一是从重经济增长转变为保护环境与经济增长并重，二是从环境保护滞后于经济发展转变为环境保护和经济发展同步，三是从主要用行政办法保护环境转变为综合运用法律、经济、技术和必要的行政办法解决环境问题。在 2006 年国合会年会上，国家环境保护总局局长周生贤指出，这是基于发达国家"经验教训"的战略性政策转变，有望引领"环保优化经济增长的时代"。

国合会 2007 年年会向国务院提出的政策建议指出了中国政府环境政策战略转型的信号，包括将环境保护提升到"生态文明建设"的高度，以建设资源节约型和环境友好型社会为目标。指导思想是经济发展从"又快又好"转向"又好又快"。国合会的政策建议总结了德国、日本等国家在环境改善转型时期的四个关键成功要素：一是公众乃至全社会参与环境与发展决策；二是在大多数情况下，促使人们采取行动的是环境与健康问题；三是需

---

1 https://english.mee.gov.cn/Events/Special_Topics/AGM_1/1994agm/meetingdoc94/201605/t20160524_345213.shtml; https://pub.cicero.oslo.no/cicero-xmlui/bitstream/handle/11250/192142/CICERO_Working_Paper_1998-04.pdf?sequence=1&isAllowed=y; https://sustainabledevelopment.un.org/content/documents/5538cheng.pdf.
2 参见 http://www.cciced.net/cciceden/Events/AGM/1994nh/News/201205/t20120515_80305.html.

要持续进行短期或长期的转变，通常在五年至十年实现技术和体制的根本性转变；四是需要考虑转型相关的国际问题，如转型对他国的影响。

国合会政策建议指出，"当今中国正处在战略转型的关键时期，有机会加速环境与发展关系的转变，为了充分利用这一关键时期，中国政府必须解决三个突出的问题：首先，中国的战略转型采用了'自上而下'的模式，缺乏各级政府及利益攸关方的充分参与和支持；其次，缺少落实中央政府确定的各项战略原则的具体且有效的政策、能力和行动计划；最后，必须继续优化现有投资水平的投入产出效益，同时增加流向环境保护的资金"[1]。

二、环境与高质量发展

尽管在环境问题上的支出不断增加，但在过去 30 年的前 20 年中，经济和社会的重大变化掩盖了中国大部分环境政策的努力成效。如今，环境正影响着五年规划和政府绩效中的大部分内容，尤其是在"十二五"和"十三五"期间，环境问题的紧迫性、政治层面和环境保护行政问责制凸显了环境与发展相关的变革性举措。现在的规划重点已转向"高质量发展"，环境质量是其中的重要组成部分[2]。

但在这种背景下，何为转型性变革呢？自然不是简单的转型或小修小补。渐进主义在某些情境下可能有效，例如，中国对复杂的新环境举措采取试点的谨慎做法。以引入碳交易所耗费的时间为例，碳交易首先在两省五市进行试点，试点目标比较有

---

1 参见 http://www.cciced.net/cciceden/POLICY/APR/201608/t2016080374631.html.
2 樊纲，张晓晶.中国迈向高质量发展.亚洲开发银行东亚局系列工作报告第 18 号，2019. https://www.adb.org/sites/default/files/publication/543621/eawp-018-toward-high-quality-development-prc.pdf.

限[1]。从 2013—2014 年试点开始到建立全国碳市场耗费了近八年时间，而关于碳税制度与碳交易的争论早在试点开始前就已持续数年。总而言之，到 2021 年 7 月全国碳排放交易体系正式启动，至少耗费了 11 年时间。

全球环境和发展转型性变革的重要机制涉及以下潜在或间接驱动因素：①激励机制和能力建设，②跨领域合作，③未雨绸缪，④在变化和不确定性的情况下进行决策，⑤环境法及其实施[2]。这些词语在国合会工作中频繁出现。绿色投资、环境经济和环境税、污染者付费原则和其他金融机制（如生态补偿和贸易措施等）一直备受关注。国合会在生态服务定价机制和碳交易等创新举措方面投入了大量精力。这类工具都需要目标明确的总体框架，而国合会一些最为有趣和出色的研究工作推动了这些框架的形成。本书第五章阐述了五个与国合会倡议密切相关的案例。

三、中国"新时代"经济与可持续发展

从 2017 年起，中国共产党和中国政府就一直在强调中国经济进入以创新、双循环经济（国际贸易和国内消费升级扩容）为主导的"新时代"，以及坚持"社会主义市场经济"[3]所需的改革。中国未来的发展方向将受到高科技、教育改善和科技投资增加的刺激，但也必须符合生态文明建设、乡村振兴和健康生产型城市发展的要求。当前，中国更加强调"共同富裕"的概念，

---

1 刘哲，张永祥. 中国七大碳交易试点成熟度评估 [J]. 气候变化研究进展. 2019(10): 150-157.
2 生物多样性和生态系统服务政府间科学政策平台全球评估报告注释 [EB/OL]. 2019. https://www.downtoearth.org.in/news/environment/the-world-needs-transformative-changes-else--64382.
3 权衡. 领航新时代中国经济发展 [J/OL]. 中国国际战略研究季刊，2018, 4(02): 177-192. https://www.worldscientific.com/doi/pdf/10.1142/S2377740018500161.

以缓和国内的贫富差距问题。这些都将成为国合会下一阶段的环境与发展转型研究课题，尤其需要关注从现在到 2035 年的国内发展举措。

第四章
国合会对中国环境与发展行动的贡献

China Council for International Cooperation
on Environment and Development 30 Years
Committed to China's Environment and
Development Transformation

一、国合会与中国的"五年规划"

国合会研究工作的决策受到需求和供给两个方面因素的影响，从来不是一件容易的事情。第一，需要紧跟中国领导层决策的重大变化，把握中国发展需求和外部驱动因素的变化本质。国合会的研究工作必须与中国"五年规划"的目标及中国特定领域的其他中长期规划（如《国家中长期科学和技术发展规划纲要（2006—2020 年）》）目标同步，这样才能保证研究成果与国内政策、规划的相关性[1]。第二，需要发现在全球或地区层面以及国家和行业层面出现的新问题、新风险和新机遇，判断可能的政策转变趋势。第三，一些反复出现、不断发展的议题即便经过了 30 年的研究，仍对国合会的工作和建议至关重要。第四，全球视角、国际压力改变和影响了解决问题的主流范式。

上述所有因素都需要融入可行的研究计划和有效的政策建议中。因此，国合会需要采用动态、适应性方法，确保其工作契合中国政府的优先事项和规划，同时融入更大的国际背景，并保证一定的前瞻性。根据中国的自身能力和察觉到的需求，具体做法随着时间的推移而有所不同。

专栏 4 展示了中国"五年规划"进程中环境与发展政策演变的总体情况。这是一个复杂的课题，除本书外还有很多更为详细的研究[2]。在此，我们的主要目的是描述国合会的建议及其采纳情况。虽然"七五"计划在国合会成立之前就已经制定了，但 20 世纪 80 年代环境保护意识的提升也推动了少量环境政策的制

---

1 参见 https://www.itu.int/en/ITU-D/Cybersecurity/Documents/National_Strategies_Repository/ China_2006.pdf.
2 经合组织 . 中国在绿色增长方面的进展：国际视角 [EB/OL]. 2018. https://www.oecd. org/env/country-reviews/PR-China-Green-Growth-Progress-Report-2018.pdf; Sternfeld, Eva(ed). 劳特利奇中国环境政策手册 . 2017. https://www.routledgehandbooks.com/ doi/10.4324/9781315736761.

定，如 1979 年《中华人民共和国环境保护法（试行）颁布》、
1989 年《中华人民共和国环境保护法》在第七届全国人大常委
会第十一次会议通过[1]。"八五"计划到"九五"计划期间，对
环境的开发利用最为触目惊心。人们开始意识到 1998 年长江流
域的特大洪水与森林砍伐过度、土地利用不当等因素有关，于是
中国出台了砍伐禁令，加大了森林和草原的修复力度。国合会于
1995 年设立"贸易与环境 / 可持续发展"这一当时对中国来说几
乎完全陌生的议题，并持续研究了将近 10 年的时间。随着中国
开始参与并最终加入世界贸易组织，国合会这一研究议题在国内
外引发众多关注。20 世纪 90 年代后期，国合会识别出中国风能
和太阳能的巨大潜力，而彼时煤炭消费仍处于快速增长的阶段。

专栏 4　与"五年规划"相关的中国环境与发展政策"大图景"

　　"七五"计划、"八五"计划、"九五"计划探索了环
境与发展新领域。

　　"十五"计划为污染治理和生态服务等其他方面奠定了
重要基础。

　　"十一五"规划强调建设"资源节约型、环境友好型
社会"。

　　"十二五"规划启动了以"绿色发展"为重点的工作，
此后中国一直以此作为环境与发展的主要行动方针。

　　"十三五"规划强调把"生态文明建设"纳入总体布局，
"生态文明建设"成为"十三五"期间中国的三大优先领域

---

1 穆治霖，卜树春，薛冰 . 中国环境立法：成就、挑战和趋势 [EB/OL]. 可持续发展，
2014(6): 8967-8979. https://www.researchgate.net/publication/273319400_Environmental_
Legislation_in_China_Achievements_Challenges_and_Trends.

之一。

"十四五"规划（2021—2025 年）为以后的发展制定了绿色议程，一些重要转变包括努力于 2030 年前实现碳达峰、2060 年前实现碳中和，进一步投资绿色技术、污染防治和生态修复。中国在"十四五"时期将以前所未有的程度融合国内外环境与发展的重点事项，包括实现联合国《2030 年可持续发展议程》中所列目标的行动。

"九五"到"十一五"期间的努力取得了相当大的进展，尽管从现在的角度来看，这些进展对于能力有限的环保机构而言只是初步尝试。在竞相开展基础设施建设、原材料和能源需求不断增长以及国内和出口产品生产需求旺盛的形势下，环境保护水平与经济增长水平不一致不足为奇。虽然建设资源节约型、环境友好型社会的理念在"十五"到"十一五"期间已十分明确。尽管如此，国合会仍然提出了许多可行的环境改善方法（详见第五章）。

事实上，21 世纪的第一个十年是发现、试验、试点和采用（对中国而言）新环境技术、新环境规划和新管理工具的时期。雄心勃勃的联合国千年发展目标主要关注减贫事业。无论是在联合国千年发展目标这一全球进程提出之前还是之后，中国的努力都超过了所有其他发展中大国。对受损农田、林地和牧场重新绿化的重大举措作为减贫的主要内容之一已顺利开展。在 21 世纪的第一个十年中，创新环保技术的使用显现出广阔的前景，但重工业的快速崛起，对钢铁、水泥及其他建筑和基础设施材料的需求，以及飞速发展的制造能力始终超过对环保所做的努力。由于公众诉求和许多地方政府对城市规划的决策问题等，环境质量成了政府高度关注的一个议题。

真正开始变革是在"十二五"和"十三五"时期,且取得了良好成效。生态文明的概念在"十二五"期间得到详细阐释,随后又以多种创新方式呈现[1]。这种将问题解决、人员、项目和计划联系起来的综合方式在习近平主席的大力推动下,在中央层面和地方政府层面都得到了充分的支持。绿色发展是践行生态文明价值观的必然道路选择。专栏5中更为详细地呈现了这一趋势。

从 2008 年开始,国合会每年密切跟进中国政府政策中的环境与发展变化,并尽可能追溯到与其相关的国合会政策建议。这项具有重要意义的工作现在由首席顾问支持专家组、美国环保协会中国办公室具体承担,为本书中的许多观察提供了政策支撑[2]。

专栏5　1986—2020 年中国"五年规划"国内环境与发展的主要趋势及其与国合会工作的联系[3]

"七五"计划(1986—1990 年)。首个经济社会发展"全面规划"。对环境问题的关注十分有限。经济发展与改革相协调。以高产量为重点,计划 5 年内农业和工业生产总产值增长 38%。经济年增长率达 7%。"物质文明建设"带动"社会主义精神文明"(国合会成立前)。

"八五"计划(1991—1995 年)。经济加速增长新阶段。水泥和煤炭产量居世界前列。经济年增长率达 11%。重视发展大型能源(如三峡大坝)和交通基础设施。1 100 个县级市

---

1 更多有关生态文明背景,请参阅解振华的《中国绿色发展之路》和亚瑟·汉森的《中国的生态文明:价值观、行动与未来需求》。

2 参见 http://www.cciced.net/cciceden/POLICY/rr/ir/。《中国环境与发展重要政策进展与国合会政策建议影响》(2008 年起每年发行)。

3 部分内容来自中国"五年规划"。其他材料来自国合会工作计划和其他文件。国合会的第一批研究和建议于 1992 年提出。

对外开放。实施新的增值税税制。强调宏观经济架构。国合会初步工作计划中着力强调环境与经济的关系。

"九五"计划（1996—2000 年）。完成现代化二期建设。控制人口增长。人均国民生产总值达到 1980 年的四倍。预计到 2010 年将进一步翻番。为加入世界贸易组织奠定基础，其中包括国合会对贸易与环境的研究。1998 年长江洪灾后，国家颁布禁伐令以及植树种草等生态恢复计划。国合会在可持续农业、自然资源经济学、生物多样性保护需求以及中国西部地区发展方面广泛开展工作。

"十五"计划（2001—2005 年）。强调高增长率，第二产业 GDP 占比达到 51%。"社会主义市场经济"。经济持续高增长。强调工业部门扩张 51%。高耗材。首次对环境给予全面关注。森林覆盖率达到 18.2%，城市绿化率达到 35%。城乡污染物排放总量比 2000 年减少 10%。截至 2005 年，人口不超过 13.3 亿。国合会强调减少燃煤电厂、工业生产和家用燃煤产生的硫氧化物。国合会在可持续农业、可持续工业化、环境保护的宏观经济方法等研究领域做了大量工作。

"十一五"规划（2006—2010 年）。经济领域重点强调服务业。到 2010 年，城镇化率提高到 47%。首次在环境与发展的综合方法上重点发力。开展循环经济。2010 年森林覆盖率达到 20%。提高灌溉用水效率。污染物排放总量减少 10%。五年内单位用水量工业附加值下降 30%。单位 GDP 碳强度降低 20%（2009 年设定）。提出首个国家气候变化战略。加强生态补偿力度。控制煤炭消耗。中国成为全球最大的风电市场。2008 年全球金融危机后的经济复苏计划包括了增加环境投资。2012 年，国家主席胡锦涛提出生态文明理念。国合会提出了低碳经济、降低碳强度、可再生能源、生态系统修复和保护、生态服务、循环经济、流域综合开发（长江）、绿色环境技术创新、交通运输等方面的建议。

"十二五"规划（2011—2015年）。经济领域尤其强调城乡之间的财富公平分配，增加国内消费，以及向内陆和农村可持续发展的重要转变。城镇化率达到51.5%。GDP目标年增长8%。更加重视社会安全网。更加重视扩大环境保护范围（污染防治、空间规划、生态服务保护、废物管理系统、绿色建筑等）。完善《中华人民共和国环境保护法》。重视绿色科技拓展。"绿水青山就是金山银山"和生态文明理念超越传统GDP思维，被大范围推广。国合会主要强调污染防治的三个重要组成部分（空气、水和土壤）、绿色经济和绿色发展。区域绿色发展更加强调创新工具，包括生态红线、生态补偿，重点关注完善法律、标准、风险管理、公众参与、企业社会责任等治理重点。研究海洋可持续发展问题和可持续城镇化。

"十三五"规划（2016—2020年）。新冠肺炎疫情在2020年产生了严重的经济影响。关注创新和绿色科技产业，包括数字技术、电动汽车技术、电池技术、更高效的可再生能源发电技术等。建立绿色金融体系。关注生态需求，包括绿色城市、生态保护红线。促进长江经济带向绿色发展和生态保护转型。启动绿色"一带一路"倡议。改善环境和自然资源制度。全方位重视生态文明，2018年将其写入《中华人民共和国宪法》。国合会强调与绿色发展和生态文明优先事项相关的各种要素，其中许多要素（如可持续生产和消费等）都与全球环境重点问题有关。《第六届国合会回顾报告》对此做了详细记录。

二、第一届国合会（1992—1996 年）建议的采纳

第一届国合会提供的翔实调查结果为此后许多具体政策的制定奠定了基础。专栏 6 列出了第一届国合会提出的 16 项主要建议[1]，在每项建议后面添加了与该项建议相关的后续政策行动。虽然这些政策行动的制定不能完全归功于国合会的政策建议，但我们很高兴看到每项建议都对重大决策产生了影响，并且决策都在朝着我们认为非常积极的方向发展。

专栏 6   第一届国合会的部分建议和中国后续的政策行动

从一开始就将环境作为经济和社会政策决策的核心。相关政策行动："十三五"规划（2016—2020 年）。

投入足够的资金来落实环境法律、标准和法规。相关政策行动：污染防治（2014 年起），特别是大气污染防治。

在项目评估中更广泛地引入环境影响评估。相关政策行动：《中华人民共和国环境影响评价法》的出台和修订（2002—2018 年）。

确定了《中国 21 世纪议程》中的重点任务。相关政策行动：对新方法有更多需求，并带来了一些重大转变，如采用污染者付费原则，以及为生态文明和中国 2030 年可持续发展目标（1994 年起）提供间接依据。

中国必须借助技术选择和管理方法，借鉴其他国家的先进技术和做法，同时避免重蹈其他国家覆辙。相关政策行动：中国中长期科技发展规划，包括对环境技术的重视（1995—

1《国合会 20 周年：活动、影响与前景》报告提出的建议清单见该报告第 25 页。

2020 年）。

采用清洁生产和技术。相关政策行动：《中华人民共和国清洁生产促进法》（2002 年）和联合国中国国家清洁生产中心将工作转向污染预防战略（1994 年起）。

在宏观监管与市场手段之间寻求平衡。相关政策行动：《中华人民共和国环境保护法》（2015 年）要求直接使用财政援助、税收、价格和绿色采购实现污染物减排目标，鼓励发展环保产业；2021 年全国碳排放权交易系统启动。

引入征税、许可、控制污染的收费和其他环境费用。相关政策行动：《中华人民共和国环境保护税法》（2018 年）。

调整重要自然资源的价格，在制定煤炭、水、木材等的价格时纳入环境因素。相关政策行动：能源采购价格的重大改革（2013 年）。

取消不合理补贴。相关政策行动：自 2001 年以来，进行中的项目仅部分见效，包括国有企业、海洋渔业、农业、绿色技术产品、化石燃料、造纸业等。2013 年后取得合理成效。

将改善煤炭和其他能源的使用作为环境与发展的核心。相关政策行动：2009 年，一旦低碳经济和气候变化在中国提上日程，能源转型就变得极为重要。2009 年 9 月，国家主席胡锦涛在第 64 届联合国大会一般性辩论上宣布中国的第一个降低碳强度目标。

寻求替代能源技术。相关政策行动：风能和太阳能革命（2008 年至今）。

禁止濒危物种交易。相关政策行动：中国禁止象牙贸易（购买或出售）（2017 年 12 月）；为了维护生物安全和生态安全，有效防范重大公共卫生风险，加强生态文明建设，促进人与自然和谐共生，全面禁止非法野生动物贸易和消费（2020 年 2 月）。

扩大保护区范围并立法。相关政策行动：1994 年，《中华人民共和国自然保护区条例》提供了一个全系统的框架，并单独制订了第一个中国生物多样性保护行动计划。到 2009 年，中国 15% 的土地被设为自然保护区。

动员当地社区参与恢复退化的生态环境，帮助恢复生态生产力。相关政策行动：退耕还林计划旨在使易受土壤侵蚀的农田退耕，并预防洪水（1999 年至今）；浙江"生态省"绿色农村复兴计划和河长制（安吉县 2003 年至今）；支持小农户恢复土地和支付生态服务的生态补偿（1995 年至今）。

改进环境监测能力，建立健全环境质量数据库。相关政策行动：中国环境监测总站成立于 1980 年，但全面的监测网络是从 2010 年开始建设完善的。

这里需要强调的一点是，充分采纳国合会的建议需要很长的时间。特殊情况下，一项政策可以在几个月内实现效果，但这是例外，普遍情况是需要数年的渐进式变革，而重大变革性政策转变甚至需要十年或更长时间。国务院原总理温家宝在不同场合与国合会委员会面时指出，鉴于需要长期思考和行动，很有必要拥有一个熟悉中国情况和决策的组织及工作人员。

三、两项展望倡议：评估新的挑战、风险和机遇

正如从来不缺少需要评估的新挑战和风险，同样也不缺乏

对新议题进行评估的机会和建议。国合会首席顾问的职责之一就是要从众多的可能性中找出哪些重要课题应被提议为新的研究课题。相关见解来自诸多方面，包括各级官员、国合会委员、捐助方和其他合作组织、研究人员和中国境内外的其他团体。对未来活动的建议来自国合会秘书处或其他机构组织的战略沙龙[1]、国合会圆桌会议，有时也有直接来自国务院的建议。这是一个动态的过程，也会根据讨论会、中国境内外实地考察、国合会年会等的举行而变化。

（一）2006年——对2020年发展和关键挑战的思考

为了评估中国在特定时期的总体进展和需求，国合会采取了一些特别的举措。其中一项有意思的举措是2005—2006年国合会回顾与展望专题工作组所做的研究，该工作组既对国合会前15年的工作进行了反思，又对2020年的主要环境和发展挑战进行了展望，并撰写了报告。这一研究的联合主席是国合会首任主席宋健和1994—1999年的外方执行副主席霍盖特·拉贝尔（Huguette Labelle）。该报告以中文专著的形式出版，确定了七项挑战（专栏7），所有这些挑战都被描述为"复杂的系统问题，任何单一的干预措施都无法完全有效地解决这些挑战。它们是相互影响的，并且都会产生重大经济影响"[2]。其目的是向中国政府提供早期预警，并帮助国合会确认未来的研究方向。

---

1 战略沙龙于2012年在李干杰的指导下启动，是一个"激发关于环境与发展的思考和交流观点的开放平台"。每次沙龙聚焦一个主题，参与者包括政府内部人士和外部专家，重点关注未来工作的潜在发展领域，参见 http://www.cciced.net/cciceden/NEWSCENTER/CCICEDActivities/201212/t20121217_81042.html.
2 参见《国合会20周年：活动、影响与前景》报告第39页。

挑战 1　　中国将面临严重的能源安全危机、严重的空气污染和日益沉重的温室气体减排压力。

挑战 2　　中国将面临日益严峻的水危机。

挑战 3　　中国的城市垃圾、工业垃圾和危险废物持续快速增长。

挑战 4　　中国将面临生态系统退化和生物多样性丧失等生态问题。

挑战 5　　中国将面临许多新出现的环境问题，如室内污染、地面臭氧污染、汞污染、环境健康问题、土壤污染，以及与信息技术、生物技术和纳米技术有关的环境问题。

挑战 6　　全球环境将持续恶化。

挑战 7　　中国快速增长的经济对外部环境的影响越来越大。

（资料来源：2006 年国合会回顾与展望专题工作组。）

事实上，这些挑战是非常现实的。在随后的 15 年里，中国为应对这些挑战投入了大量资金和精力。2007 年至今，国合会就这些挑战开展了 60 多项研究，并伴随其他举措，为了解这些挑战之间的联系做出了各种努力。

（二）2015 年——中国环境与发展的"剧变之年"和国合会对中国"十三五"规划环境与发展需求的高层考察

如果要在国合会成立至今的 30 年中选择一年作为见证中国环境与发展关系转折的重要节点，那可能就是 2015 年。在空气污染这个具有政治意义的问题上，这个时间节点对于从"临界点转向转折点"具有重要意义。这一年，修订后的《中华人民共和国环境保护法》开始生效[1]。2012 年生态文明建设被写入《中国共产党章程》；随后，中共中央、国务院制定的《中共中央　国务院关于加快推进生态文明建设的意见》（2015 年 4 月）和《生态文明体制改革总体方案》（2015 年 9 月）也强调了生态文明。它们为八项制度的政策转型行动提供了详细指导，包括绿色发展作为生态文明建设的手段。

　　国合会认为，召开一次特别的国际咨询会议恰逢其时，可以就未来长期路线提出意见，并通过国合会原主席、国务院原副总理张高丽提交给国务院，确定具体建议，纳入"十三五"规划。部分国合会委员和各方面领军人物出席了这次小型国际高级别研讨会[2]。所有人都以个人身份参加。会务组准备了背景材料，包括一份详细的议题和问题清单。会议主席是原环境保护部部长、国合会原中方执行副主席陈吉宁。研讨会议着重于讨论而非汇报，并产生了一套非常有趣的材料，聚焦对现有情况的观察（专栏 8）和对"十三五"规划的建议（专栏 9）。这份建议随后在会议中提交给了国务院原副总理张高丽，并上报给国务院。

　　这是国合会首次使用这种特殊的方法，而且非常成功。这一努力在以"绿色转型的国家治理能力"为主题的国合会 2015 年年会上得到进一步加强。其中最重要的建议之一是在"十三五"期间创新绿色融资体系，推动和资助中国的绿色转型。这一建议被迅速采纳落实，并取得了良好成效。在习近平主席的大力支持下，整个金融领域在短短几个月内就开始落实这一建议。

---

1 张波，曹聪，顾俊展，等 . 新环保法，诸多老问题？中国环境治理面临的挑战 [J/OL].
环境法，2016, 28(2): 325–335. https://www.jstor.org/stable/26168922.
2 他们包括约亨·弗拉斯伯斯、克里斯蒂娜·乔治弗、斯蒂芬·格罗夫、亚瑟·汉森、
丽莎·杰克逊、马可·兰贝蒂尼、李勇、汉克·保尔森、珍妮兹·波托科斯、理查德·萨
曼斯、阿奇姆·施泰纳、比约恩·斯蒂格森、克劳斯·托普费尔和马修·特雷罗托拉。

专栏 8　对 2015 年中国环境与发展现状的观察

中国的发展方式转变仍然是一个漫长而艰难的过程，存在很多问题和挑战。

第一，发展不充分、不平衡、水平低仍然是中国面临的根本问题。经济结构不合理、资源利用率低的状况没有根本改变，协调经济发展与环境保护之间的关系仍面临巨大挑战。

第二，生态环境承载力已经达到或超过了上限。空气和水源质量不断受到超标排放的影响，已成为制约中国经济发展的"瓶颈"。

第三，其他社会问题，如人口、贫困和健康风险与环境问题交织在一起，共同对社会治理构成严峻挑战。

第四，传统城镇化进程中的锁定效应已经变得更加明显，城镇化的推进会带来更多的资源和环境压力。

第五，新的环境挑战不断涌现，源于中国承担了更多的二氧化碳减排义务，国际社会对中国参与全球可持续发展事务寄予厚望，以及地区内供应链的扩张。

第六，传统污染物和新污染物的交织，使环境问题变得复杂。由于积累的历史遗留问题，应对环境风险迫在眉睫，这使得环境质量的整体改善成为一项复杂、具有挑战性的长期任务。

第七，目前的环境治理体系和能力还无法应对上述挑战。

在整体环境和发展挑战以及国家发展战略的背景下，环境质量改善已成为小康社会建设中最薄弱的环节。转变经济发展方式成为弥补这一薄弱环节、实现更宏伟目标的关键和根本出路。

"十三五"时期是中国推进绿色转型的重要机遇期。抓住这个窗口期，中国将为未来10～30年的可持续发展和实现"中国梦"打下坚实基础。否则，中国可能丧失转型和改革的主动权，为发展付出更大的生态和环境代价。要抓住这个窗口期，关键是要重视发展方式的转变和环境质量的改善。

（资料来源：2015年6月国合会中国"十三五"规划环境与发展国际咨询会议。）

专栏9　2015年6月国合会环境与发展国际咨询会议对中国"十三五"规划的建议（节选）

　　与会者指出，与绿色发展相关的机遇大于此时面临的挑战。因此，"十三五"规划是向生态文明转型的一个关键节点，必须以创新和更长远的眼光来设定"远大目标"（让各机构大幅改变其流程，以便采取一套新的范式）。绿色发展必须被视为新增就业和新经济的源泉。不只是在政府内部，还必须在企业和整个社会中加强治理能力建设。

　　建议（注意：此处仅提供每项具体建议的一个示例）：

　　（1）采取协调且全面的方法。将环境作为发展的核心支柱和中国经济的驱动力。为环境和发展制定明确的国家目标需要群策群力，而不是个别部门的单打独斗。在污染问题上建立更好的跨区域合作机制。总之，应为"十三五"规划设定明确的阶段性目标，并展示这些目标对开启长期行动的价值。

　　（2）加强制度作用并使之合理化。根据活动规模匹配资金，避免过度投资。厘清制度安排，将自然资源开发和环境保护分开。完善对环境与发展的独立监督。

（3）加快实施的速度和效率。更快地从"试点项目到全面推行"，从"实践到习惯"，从"学习到引领"。

（4）将经济和环境联系起来。在"十三五"规划中建立一个尊重环境需求而非两相权衡取舍的经济新常态模式。将税收负担从劳动力转移至环境污染者。

（5）增强自然资本。将自然视为"绿色基础设施"。将生态红线纳入土地和水资源利用规划和管理。为企业、政府和公众制订计划，让不同主体了解对自然资本的依赖。注重生态恢复和自然资源更新，包括生物多样性。加强国民账户中的生态环境核算。

（6）实现监管方式的多样化。制定无法轻易规避、忽视或推翻的法规。建立一个对环境有利的法律框架，鼓励公民和企业采取可持续的做法。扩大和加强绿色采购。重在支持而非惩罚，以实现转型变革。制定基于市场的方法，包括考虑市场失灵，以及供给侧和需求侧并重。以一种适应性的方式建立总量控制制度和贸易污染控制制度。加强绿色税收。

（7）强化商业、融资和投资方面的工作。加强企业作为政府实施绿色发展的合作伙伴的角色。扩大政府和社会资本合作（PPP）模式的应用。鼓励研发新的绿色产品。建立绿色投资论坛，为企业和社区的"自我利益启蒙"提供"安全场所"。与领先的企业合作，进而逐渐改变整个行业。培养优秀的企业，而不仅是淘汰落后企业。将投资更加明确地集中在可持续绿色增长机遇方面。

（8）改进领域内行动。重点关注三个关键领域：交通、建筑和食品。使现代农业成为主要贡献者。重点关注新兴产业，而非支持夕阳产业。利用绿色认证程序提高绿色产品质量和制造水平。强调实际应用，如水投资、能源效率、分布式电源、绿色建筑、天然气基础设施和公园。

（9）"绿色与走出去并行"与"地球伙伴关系"。确保金砖国家新开发银行、亚洲基础设施投资银行和"一带一路"倡议的绿色化。开始缩减中国的生态足迹。在荒漠化等方面建立南南合作。寻求碳捕集与封存的伙伴关系。在中国的国际合作中提升公共卫生和环境的地位。考虑七国集团在21世纪末之前实现全球经济"去碳化"承诺对中国的影响。在非洲国家需要的地方，优先促进绿色工业化。

尽管中国"十三五"规划收官时正值新冠肺炎疫情暴发，但中国仍在实现国家环境与发展目标方面取得了相当大的进展。也许这是人们第一次感觉到在绿色发展方面取得了真正的进展，包括实现了大多数五年规划目标。2020年，中国许多城市的空气治理都有很大改善，这部分得益于污染防治攻坚战的持续推进，但也与新冠肺炎疫情导致工厂关闭和汽车停驶有关，不过至少也让我们看到了一个空气污染减少的未来是什么样的。如今，随着经济的重启，污染在某种程度上又会产生。不过，我们也取得了一些实效，空气污染程度逐年降低。日益严峻的气候变化问题将继续以多种方式存在，包括2021年的洪水和威胁沿海基础设施的海平面上升。中国的生物多样性持续受到威胁，同时还有许多与土地和水相关的可持续发展问题。即便如此，在新的十年启航之际，我们仍然相信环境治理的转折点就在眼前。

国合会秘书处已经为本书准备了一份配套报告，用以回顾第六届国合会的议题和建议。这份回顾报告[1]内容翔实，涉及国合会2017—2021 年开展的 10 多项主要研究举措及其对中国政策的影响。此外，作为编写回顾报告工作的一部分，国合会秘书处还制作了一份涵盖当前政策框架和国合会相关建议的成果摘要。这份成果摘要中，关于跨领域问题的部分（专栏 10）非常有特点。在国合会内部建立解决这些问题的能力需要时间，但这对我们现在和未来的工作都是至关重要的，特别是要确保它们符合政府对创新的呼吁。

专栏 10　第六届国合会的四个主要跨领域成果

四个跨领域成果

（1）中国建立巨大的绿色金融市场。

（2）中国的"十四五"规划要求构建绿色技术创新体系。

（3）清洁能源消费显著增长。

（4）中国建立了"一带一路"绿色发展国际联盟和"一带一路"绿色发展国际研究院。

绿色金融

国合会在为中国引入、鼓励和示范绿色金融方面发挥了引领作用。

2014 年，国合会建立了绿色金融工作小组。

国合会一直在其年度政策建议中呼吁推动绿色金融发展。例如，建立国家绿色发展基金，加强绿色信贷、绿色债券和绿色保险，以及建立跨部门的绿色金融协调机制等。

国合会绿色金融相关的建议被中央政府采纳，并被纳入

---

1 国合会秘书处 . 第六届国合会（2017—2021）回顾报告 [R]. 结果和影响 . 2021, 30.

2015 年 G20 峰会议程。

2018 年，国合会在政策建议中强调了通过"一带一路"绿色基金为绿色项目融资的重要性。

2020 年，国合会建议为"一带一路"项目制定世界级的标准和保障，加强双边和区域绿色国际发展援助以及其他举措，避免在生物多样性重要区域和原住民集中地区投资碳密集项目。

2012 年，中国银行保险监督管理委员会发布了《绿色信贷指引》。

中国现已建立了巨大的绿色金融市场。2020 年，中国本外币绿色贷款余额约 12 万亿元，绿色债券存量约 8 000 亿元。

绿色技术

2020 年，国合会与世界经济论坛合作发布《中国城市重大绿色技术及其实施机制》报告。

2014 年，国合会建议推广绿色技术，实现多重环境效益，包括清洁煤技术。

2015 年，国合会建议中国成立国家绿色发展基金，该基金于 2020 年 7 月成立。

2021 年 3 月，中国发布"十四五"规划，强调坚持创新驱动发展。

2016 年，工业和信息化部推出《工业领域电力需求侧管理专项行动计划（2016—2020 年）》。

在 2020 年 12 月召开的联合国气候雄心峰会上，中国宣布将 2030 年非化石能源占比目标提升至 25% 左右。

据估计，2012—2019 年，中国清洁能源消费增加了 8.9%，占整个能源领域的 23.4%。

绿色城镇化和消费

2018 年国合会政策建议提出：改变传统思维；将绿色标准全面融入绿色城镇规划；充分结合地方实际，创新解决问题的方法。

2018 年 12 月，国务院办公厅印发《"无废城市"建设试点工作方案》。2019 年 4 月底，生态环境部发布"无废城市"建设试点名单。2019 年 5 月，生态环境部印发《"无废城市"建设试点实施方案编制指南》和《"无废城市"建设指标体系（试行）》。

2019 年 4 月，国家发展改革委印发《2019 年新型城镇化建设重点任务》，明确了 2019 年工作要求。该文件还提出，新型城镇化要充分考虑资源环境承载力的实际情况，注意协调发展，充分使用智能化信息手段，精细化管理；协同推进大气污染等环境治理工作等。

2019 年国合会政策建议指出，应将绿色消费作为生态文明建设重要任务纳入国家"十四五"规划。

2020 年国合会政策建议提出，应建立绿色消费优先领域，优先提高衣、食、住、行、用、游等重点领域绿色产品和服务的有效供给。

2020 年 3 月，国家发展改革委、司法部印发《关于加快建立绿色生产和消费法规政策体系的意见》，提出推行绿色设计、强化工业清洁生产、发展工业循环经济、加强工业污染治理、促进能源清洁发展、推进农业绿色发展、促进服务业绿色发展、扩大绿色产品消费、推行绿色生活方式等多项任务。

2021 年，全国人民代表大会常务委员会通过了《中华人民共和国反食品浪费法》。

绿色 "一带一路" 倡议

自 2015 年以来，国合会提交的政策建议中提出防范"一带一路"倡议生态环境风险的机遇和方法。

2018 年和 2020 年，国合会的政策建议均鼓励推动绿色"一带一路"建设。

2017 年，环境保护部等四部门发布了《关于推进绿色"一带一路"建设的指导意见》，其中包括一系列生态环境风险防范政策和措施。

2019 年，中国和其他"一带一路"合作伙伴发起成立了"一带一路"绿色发展国际联盟。

2020 年，"一带一路"绿色发展国际研究院成立。

（资料来源：第六届国合会（2017—2021）回顾报告 [R]. 结果和影响。）

四、国合会持续"展望"方法

国合会每年相当一部分工作是清楚描绘中国和国际环境与发展的图景。这些图景能够为国合会委员、研究人员和官员提供信息，包括热点问题、新兴问题等；某些情况下，还会对被忽视或需要更多关注的问题提出建议。最终，这项工作不仅可以通过我们的建议为国务院提供信息，还可以通过以下更详细的方式为其他人提供相关的新知识。

（一）研究课题的选择和研究的广度/深度

在前两届国合会之后，最初的五年工作组模式已经不适应现实情况的发展，因为环境问题大量涌现，需要研究工作更加快速地响应。然而，前两届国合会对重大主题的长期关注是非常重要的，因为环境与发展的议题仍然相对较新，许多问题仍是一个相对陌生的领域。

后来，特别是在第三届至第五届国合会，课题组的工作被要求在 1 年到 2 年内完成。有些更短的甚至只有 6 个月至 1 年的时间。这些较短的专题政策研究逐渐成为常态。这个系统在提供更具针对性且更及时的建议方面发挥了良好的作用。然而，这种方法有时缺乏必要的深度。第六届国合会采取了混合模式，以期在上述较长和较短的研究组织机制之间取得最佳平衡。上述各类机制都有优秀案例，如下所示。第五章会有更加详细的介绍。

1. 最初的长期（5 年以上）工作组模式

1992 年最初建立的五个工作组中，有四个工作组一直坚持到第二届结束，并在年度计划中对其主题进行了调整。污染控制工作组就是这种情况，它确立了一系列与空气和水污染排放控制、固体废物有关工作的重要起点，并对中国城市和行业的温室气体排放进行了一些开创性的研究。中国可持续能源工作组指出了中国可再生风能和太阳能的巨大潜力，而当时中国对这一问题还知之甚少。该工作组从事的研究是国合会通过先进清洁技术实现中国煤炭使用战略转型的第一项重要研究。环境经济学工作组帮助建立了对资源核算、定价、补贴和其他与环境管理和各种自然资源经济学相关的深入理解。这些信息与基于市场的环境监管、使用者付费模式以及与生物多样性保护相关的经济学高度相关。生物多样性工作组的工作重点是对中国迅速扩大的自然保护区网络进行基于生态的管理，并关注诸如入侵物种问题、非法活动和为居住在自然保护区附近或保护区内的人提供以自然为导向的生计的必要性等相关议题。1995 年成立的贸易与环境工作组是一个非常及时的补充。在第一届国合会中，研究团队有时需要寻求该工作组的部分支持。这为我们的捐助方提供了一些非常有用的补充，方便后续几届国合会工作的开展。

2. 课题组和专题政策研究组模式

这些模式依赖于规划明确的工作大纲，在工作开始后尽量避免变化，并确保工作组成员之间的互补性。以下两个专题政策研究组案例展现了在紧迫时间内针对政策制定者高度关注的重点议题进行研究的巨大价值。

2000 年建立的早期课题组评估了森林和草原保护和恢复项目的绩效，特别是中国西部的项目。该课题组的工作期限为两年，但在第一年就对项目中的重大问题提出意见。最后的政策建议促成了覆盖中国广大农村地区的重要改革[1]。国合会于 2005—2006 年与世界自然基金会（中国）合作研究了改进长江流域管理的必要性。这一课题组做出了重要努力，因为其引入了在荷兰和其他地方使用的"活水"概念，并强调了中国政府应考虑的一些重要因素。

2011 年关于中国汞管理的重要专题政策研究为中国在 2013 年《关于汞的水俣公约》通过前所需采取的政策行动提供了深入见解。污染防治是三大攻坚战中的最后一个，土壤污染需要从法律、科学、实际修复和污染预防等方面予以重视。因此，需要采取政策行动处理基于场地的遗留问题、需要立即应对的紧迫问题，并实施保护以避免未来污染（包括地下水问题）。重点议题包括农业用地的安全和与多种类型的污染地区相关的风险管理。国合会的专题政策研究涵盖了这些要点，既及时又务实。

---

1 对中国各种土地利用改革和进展的最新研究请参考 Cui, W 的《中国陆地生态恢复：分析进展和差距（2021）》。

3. 第六届国合会采用包括课题组和专题政策研究组在内的混合方法

随着环境与发展问题更加多元，涉及众多交叉议题，第六届国合会提出了新的研究模式。第六届国合会设立了四个课题组，分别为"全球治理与生态文明""绿色城镇化与环境质量改善""创新与可持续生产和消费""绿色能源、投资与贸易"。在每一课题组下均设有两个或更多的专题政策研究组，聚焦与该课题相关的特定议题。这一方法的关键点在于从特定工作集群中提取最大的价值。这一混合机制似乎成效显著，兼顾了短期和长期的研究需求。不过，还需要做的是将四个课题组的成果更好地联系在一起，这种协同增效对于拟定卓越的政策建议至关重要。

第六届国合会关于全球治理与生态文明的研究是一个课题组和专题政策研究组协同工作的成功案例。国合会于 2017—2021 年确定了三个重点专题政策研究组，每个领域都与严肃的全球谈判有关："全球气候治理与中国贡献"专题政策研究组、考虑中国在昆明举办联合国《生物多样性公约》第十五次缔约方大会的"2020 后全球生物多样性保护"专题政策研究组，以及"全球海洋治理与生态文明"专题政策研究组。以下简要介绍最后一个专题政策研究组。

海洋栖息地情况恶化、渔业衰退、塑料等造成的海洋污染、海洋与气候变化的关系，以及不断发展的"蓝色经济"对环境的影响，都是海洋生态和环境问题需要综合规划和管理的重要原因。国合会在 2009—2010 年海洋可持续利用课题组中首次采用这种方法。然而，我们仍然需要去做更多的工作。第六届国合会在"全球治理与生态文明"课题组中成立了一个新的"全球海洋治理与生态文明"专题政策研究组，于 2017—2021 年进行研究工作。该研究组下设 1 个核心研究小组和另外 5 个分小组，每个分小组负责海洋利用的一个不同方面（专栏11），工作时长不一。实际上，这种研究机制是对我们早期工作组概念的重塑，但与之前有一个重大差异，即专题政策研究组是在四大课题的框架下开展工作。

专栏11　国合会"全球海洋治理与生态文明"专题政策研究报告的组成部分

国合会2017—2021年全球海洋治理与生态文明专题政策研究最终概述报告：全球海洋治理与生态文明。

全球海洋治理与生态文明专题政策研究子报告：基于生态系统的海洋管理、海洋生物资源与生物多样性、海洋污染、绿色海洋运营、海洋可再生能源和海底资源开发。

毫无疑问，第七届国合会将进一步思考如何通过优化研究设计挖掘更多价值。鉴于对综合方法的强烈兴趣，以及在国家和国际层面将环境与发展纳入主流的紧迫性，此举非常重要。

（二）建模和情景开发

国合会的许多倡议涉及各种模型，包括经济预测、土地利用，以及与生物多样性保护、气候变化等长期变化相关重要事项的信息收集。最有趣且最雄心勃勃的工作则是研究中国或全球未来的潜在情景发展模式。2002年我们向国务院提出了与此相关的第一项建议：

"国合会建议对发展可持续的国民经济要提出不同的情景分

析。根据可持续发展战略的跨行业影响、新技术引入及其他因素等定量定性信息设计情景，这些情景还应该考虑国际金融、安全、环境和发展等各种条件的影响。"[1]

我们在情景倡议方面的大部分工作是在国合会成立中期进行的，特别是在第四届和第五届国合会。这一时期，我们与该领域来自欧洲和其他地区研究机构的全球顶尖专家一起进行研究。虽然情景模拟工作令人振奋，但这些雄心勃勃的工作似乎并没有像期待的那样引起决策者的共鸣。我们目前尚不清楚出现这种情况的原因。

其中，一个有趣的国合会长期情景研究是 2016 年的"中国绿色转型展望 2020—2050"专题研究。该研究形成了两份报告：一份是与中国国内至 2050 年的环境与发展潜力有关的联合文件，另一份是荷兰环境评估署[2]为国合会编写的报告。后一份报告涵盖了与中国相关的全球环境与发展工作。

2019 年 10 月，国合会举办了一场研讨会，讨论情景工具如何为最近的几个专项政策研究（绿色金融、全球绿色价值链、重大绿色技术创新和实施机制）提供附加值。中国和国际气候变化专家以及来自荷兰环境评估署的社会经济情景方法专家就近期实践提出了意见。国合会始终相信，情景开发可以在我们的研究和政策建议中发挥重要作用。

（三）中国的"生态足迹"

世界自然基金会与全球足迹网络合作编写的《地球生命力报

---

1 参见国合会 2002 年度政策建议，http://www.cciced.net/ccicenden/POLICY/APR/201608/t20160803_74626.
2 巴克斯，等. 中国到 2050 年的绿色转型的全球背景 [R]. 海牙：PBL 荷兰环境评估署，2017.

告》[1]在全世界引起了极大的关注，报告拥有不同语言版本。从2008 年开始，国合会与世界自然基金会（中国）和其他伙伴合作，制作了专门针对中国生态足迹的系列报告，作为衡量自然资源需求和消费的工具。该措施旨在比较人类对资源的消耗与地球的再生能力（生物承载力）的关系。它可以进行国际、国内不同区域以及城乡之间的消费差异比较。该报告于 2010 年、2012 年、2014 年和 2015 年进行了发布[2]。这项工作在国际上被引用，记录了中国日益严重的生态赤字和生态债务。2015 年版报告对中国的生态文明建设提出了一些建议。这项工作通过全球足迹网络继续进行，将具有持久的价值，而且涵盖了中国的碳足迹信息。目前，受中国人口众多、城市消费习惯不良以及作为成品出口大国的影响，中国的碳足迹总量居世界前列。

（四）国合会关注问题报告

自 2002 年以来，国合会每年年会都会准备关注问题报告，以便让国合会委员和其他有关人士了解中国和国际当前的环境与发展问题。该报告会概述当年课题组研究报告没有涵盖的议题。一般来说，关注问题报告会挑选 8 ～ 10 个问题进行阐述。这份报告由首席顾问独立编写，并由首席顾问小组和其他人员进行审查和增补。通常情况下，该报告考虑问题的角度更加长远，被认为是对需要关注的问题进行深入的思考和评估。与此同时，报告的目的还包括寻找解决问题的新途径和积极做法[3]。

2014 年的关注问题报告《从临界点到转折点》是最好的例

---

1 参见 www.cciced.net/cciceden/NEWSCENTER/CCICEDActivities/201910/t2019103110
0968. html.
2 参见 https://www.zujiwangluo.org/living-planet-report-2015-draft/ 和 https://d2ouvy59p0dg6k.
cloudfront.net/downloads/chna_footprint_report_final.pdf.
3 国合会关注问题报告清单见附录 2。所有的议题文件都可以在线获取。国合会秘书处已经出版了 2012—2016 年国合会关注问题报告。

子之一。成稿前不久，中国政府有力地解决了 2013 年由 $PM_{2.5}$ 引起的空气质量"临界点"这一重大环境和政治问题。如何达到"转折点"，并避免下一个临界点是问题的关键。彼时的信息基础（特别是在污染方面）薄弱，既有指标不足以支撑研究工作的开展。我们呼吁建立当时中国还不具备的建模和情景开发方式，以便及时了解生态文明的需求并采取行动。

第五章

国合会
具体工作内容

China Council for International Cooperation
on Environment and Development 30 Years
Committed to China's Environment and
Development Transformation

基于对每项重要议题下主题和优先事项的广泛讨论，以及中外委员对问题的磋商交流，国合会年会上涌现出大量政策建议。在这些讨论中，我们试图发现哪些是最重要的因素，哪些在变革范围和时间尺度上具有前瞻性。此外，我们还需要考虑高经济增长率带来的影响、环境治理能力的不足，以及其他体制尤其是地方层面的优缺点。近年来，得益于"主题论坛"（第六章有具体介绍），该项投入在不断增加。

一、寻求理解和认同

其他语言对中文环境解决方案的翻译往往难以做到完全准确，这导致国合会外方委员和研究人员常常需要去猜测某些术语的内涵，例如，究竟什么是"生态建设""五位一体""生态屏障"等。另外，尤其在前些年，"需求驱动"等概念令一些国合会中方人士同样感到费解。这种情况虽有改善但仍然存在。因此，用两种截然不同的语言撰写能够相互理解的建议可能是一个漫长且困难的过程，就连制订合适的工作计划方案也是极具挑战的事情。

二、寻求"中国特色"绿色政策

无论政策雏形如何，都要经过仔细打磨调整，它们才能在中国国家层面和地方层面都行得通。例如，如何处理乡镇冶炼企业发展对环境的影响，如何实现"社会主义市场经济"的绿色发展，如何解决快速城镇化过程中由于户籍制度等导致的发展不均衡，如何摆脱对煤电的过度依赖，如何评估中国绿色经济的情况，如何衡量中国体制的优势和劣势，一个14亿多人口的国家如何应对生物多样性并进行自然保护,如何向绿色交通转型等。专栏12展示了"中国特色"绿色政策。在此过程中,中外双方都获益匪浅。中国高层领导表示,在中国特色的性质及重要性方面凝聚中外共识,是国合会的一项重要贡献。

专栏 12 "中国特色"绿色政策

国合会成立初期,人们担心提出的解决方案不适合中国的经济、商业和政府惯例,从而花费许多精力尝试了解哪些方案应该调整。特别是一些经济手段,往往并不适合社会主义市场经济体制。

关注为恢复生态(草原、林地)引进物种的建议。

尊重水资源管理、土地使用和与文化习俗有关的传统方法。

城市设计和规划包括传统建筑与高耗能、带密封窗的摩天大楼的对比。

小规模与大规模的工业转型、农村和城市发展、交通、技术选择等方面的举措。

对国际社会倡导的新概念保持理性,如低碳经济、循环经济、一些国际绿色认证项目、医院对生产和使用无汞温度计替代水银温度计的接受度、中药可能涉及的野生动植物保护问题、可持续生产和消费,以及生态保护的社会行为等。

设计解决科技限制问题的交通需求和解决方案。尤其是在农村卫生、应对气候变化新方法、生物技术等问题上的创新。

重要方法,如创造适应性的试点举措,这将有助于西方创新理念在中国环境的落地实施。

运用中国的"优势"建立混合的国内和国际市场。这种优势是将庞大的国内市场、低生产成本、快速创新与快速国际营销相结合,如太阳能和风能的商业化。

理解治理相关的中国特色问题,如特区、多重管辖、中央和地方政府机构之间不甚合理的工作安排、自上而下、有限参与、立法执法薄弱,以及信息共享不足。

三、社会发展、消除性别不平等和贫困

可持续发展中最艰巨的任务是结合环境及经济考量,理解社会发展问题,并制定政策和落实行动。发达国家、新兴经济体及发展中国家皆是如此。这就是社会发展在联合国《2030年可持续发展议程》和先前的千年发展目标中占据重要地位的原因。

在社会相关的工作和建议中,国合会尤其关注决策制定过程的公众参与,如项目的环境影响评价、信息获取途径、以人为本的发展策略、环境与发展的性别维度、企业社会责任(包括环境、社会和公司治理)、环境卫生、生态补偿、环境风险评估、可持续性消费和生活质量等议题。附录3列出了十一个领域下研究组已涉及的主题,包含上述部分主题,如2008年"环境卫生管理系统与政策框架"报告、2015年"生态环境风险管理"专题政策研究,以及围绕对解决农村贫困至关重要的生态补偿议题展开的许多重要研究。

2013年国合会年会的主题是"面向绿色发展的环境和社会",包含"中国环境保护和社会发展"及"可持续消费和绿色发展"两个课题。此外,还有若干个专题政策研究,如"促进中国绿色

发展的媒体和公众参与政策"和"中国绿色发展中的企业社会责任"等。2013 年关注问题报告全面阐述了社会发展问题及迄今为止取得的巨大成就,并指出了十大政策问题[1]。

1992 年,国合会成立。1995 年,联合国世界妇女大会在北京召开。然而,在纪念北京世界妇女大会 25 周年高级别会议上,联合国秘书长古特雷斯指出,尽管一些地区在女童教育方面已取得进步,但世界范围内《北京宣言》的宏伟愿景依然未完成。2020 年世界妇女大会发布的中国综合审查报告指出,中国在社会性别主流化方面仍然存在一些盲点。为此,中国政府提出三条关于环境的建议[2]:①将性别视角纳入环境立法和政策制定;②进一步维护妇女和其他受益者参与环境决策的权利;③进一步加强环境领域性别统计数据的收集、分析及应用。

经过多次对话,约从第三届开始,国合会努力把性别平等纳入总体设计和研究工作。国合会对在其组织事务中如何落实性别平等及其他社会因素做出清楚阐释:国合会"秉持多元、包容和共享原则,体现专业、地域、国别平衡和性别平等,注重青年、私营部门和社会组织代表的广泛参与"[3]。国合会经过内部研讨和其他讨论,包括与捐助方的讨论,制定了详细的性别政策工具包[4]。该工具包为国合会工作人员和研究者提供了全面指导,重视从提出项目概念到制定政策建议的全工作流程。值得注意的是,国合会主席团致力于促进国合会委员、顾问、秘书处和主席团等

---

1 参见 https://cciced.eco/wp-content/uploads/2020/06/2013-Issues-Paper-Environment-and-Society.pdf.
2 中华人民共和国 . 关于《北京宣言和行动纲要》实施的国家级全面审查报告 .https://www.unwomen.org/sites/default/files/Headquarters/Attachments/Sections/CSW/64/National-reviews/China%20English.pdf.
3 参见 https://cciced.eco.
4 参见 https://cciced.eco/wp-content/uploads/2020/09/cciced-2019-en-toolkit-for-gender-equlity-and-womens-empowerment.pdf.

相关机构的性别平等。为此，我们建议继续跟进其进展[1]。

2020—2021 年，国合会各专题政策研究积极推进解决性别问题。综合各个专题政策研究中与性别相关的内容，一份独立的性别报告[2] 于 2021 年 9 月出炉。该报告提出三个主要发现：①性别平等应被视作"推进可持续性的加速器"；②必须将性别平等意识和行动纳入主要环境政策、战略和方案；③妇女既是利益相关方也是变革推动者（承担了社会网络领导者、守护者、传播者、理智的消费者或企业家等多重角色）。该报告建议国合会在未来研究工作中采用以下七种方法推动落实性别主流化：①在每项专题政策研究中开展专门的性别分析；②针对各专题政策研究，开展性别培训；③作为标准流程，鼓励将性别问题纳入专题政策研究；④要求专题政策研究报告设立专章，关注性别平等及相关领域的交叉问题；⑤每个专题政策研究小组指定一位性别问题联络人；⑥每项专题政策研究中纳入关注性别问题的案例分析；⑦专题政策研究的建议至少包括一条与性别相关的建议。

第三届国合会恰逢 2002 年约翰内斯堡地球峰会的规划和后续落实关键期，主要关注贫困和环境的关系。第四届、第五届国合会则面临推动落实联合国千年发展目标的相关倡议，同时满足"里约 +20"地球峰会成果文件《我们期望的未来》中的多种需求的重要任务。2012 年，"里约 +20"地球峰会为联合国 2030 年可持续发展议程的出台奠定了基础，我们在世界其他地方看到的环境改善和社会进步，如今也在中国发生了。值得一提的是，国合会为"里约 +20"地球峰会组织过一场高级别圆桌会议，会议由时任国务院总理温家宝主持，讨论了包含重要社会

---

1 参见国合会性别工具包中的"10 号工具——性别参与追踪器"。
2 国合会秘书处 . 2020—2021 年专题政策研究性别主流化报告 [R/OL]. 2021. https://cciced.eco/wp-content/uploads/2021/09/cciced-en-2021-report-on-gender-mainstreaming-in-sps-research-for-the-period-2020–2021.pdf.

发展与环境的关联在内的一系列议题。

尽管中国在脱贫工作方面取得了巨大成功，但其他国家并非如此。中国对国际发展所做的巨大努力，包括能够惠及世界其他国家绿色"一带一路"建设的。此外，日益繁荣的中国仍面临着收入分配不均、财富过度集中的问题。中国近期正聚焦"共同富裕"，并将此作为改善国内财富分配的手段[1]。实际上，这代表寻找新的方法，保证人人获得经济收益，共享发展成果。"共同富裕"呼吁我们践行绿色生活，公平分配新科技相关利益，为农村人口提供比城市更多的机会。这对中国的可持续发展和生态文明建设带来了即时影响（如"十四五"规划）和长期影响（2030—2035 年及以后）。

四、国合会五个政策研究主题简介

国合会的研究主题有多种分类方法，需要注意的是，特定主题间有较强的关联性。例如，大气污染治理涉及交通、城市规划、工业、农业等多个主题。附录 3 提供了西蒙弗雷泽大学国合会秘书处国际支持办公室团队在对国合会研究主题进行归档时采用的 10 个类别（主要是在 1996—2018 年）。这 10 个分类领域分别是：经济、投资、金融和贸易（15）；生态系统和生物多样性保护（14）；能源、环境和气候（8）；治理和法治（9）；个人和企业的关切和责任（4）；可持续发展和环境保护规划（17）；污染防治和削减（9）；区域和全球参与（12）；城镇化、工业化和交通运输（8）；科学、技术和创新（5）。

研究最多的前三个领域分别是可持续发展和环境保护规划，

---

1 习近平主席 2021 年 8 月 17 日讲话翻译版《坚定不移推进共同富裕》，参见 https://www.neican.org/to-firmly-drive-common-prosperity/.

经济、投资、金融和贸易，生态系统和生物多样性保护。研究最少的领域包括个人和企业的关切和责任，以及与科学、技术和创新。在第六届国合会，一些主题已经分离出来形成了单独的领域，如"一带一路"倡议和海洋可持续发展。尽管似乎没有着重提及创新以及企业关切和社会责任，但它们在其他领域的报告中仍占一定份额。

我们也识别出五项重要的变革主题，每一项都对应了国合会过去30年研究中密切遵循的一个重要原则，但标题与附录3略有不同（专栏13）。当然，我们引以为豪的重要成果远不止这些。尽管标题、目标、内容和研究团队组成都有所变化，但这五项主题贯穿了过去六届国合会的工作。

对于专栏13的每一项主题，我们的理解和研提的建议都随时间发生变化。这些成为我们工作的主要内容之一。这些主题显示了国合会如何利用过去几十年的研究成果，不仅影响了中国民众的态度和国内政策的制订，还得到了国际上的理解和改变。根据每年国合会年会提交给国务院的建议，我们对"人与自然和谐关系"这一主题进行详细阐述（附录4）。之所以选择这个主题，是因为它非常符合中国生态文明建设的决心。对于其余四个主题，我们仅分别列出了简明的时间表和国合会针对每个主题提出的变革建议，详细信息可在国合会网站上查阅。

专栏 13　国合会环境与发展研究框架的五项变革性主题

- 人与自然的和谐关系
- 综合污染控制和预防

- 能源、气候变化和低碳经济
- 绿色金融、投资和贸易
- 环境与发展治理

（一）人与自然的和谐关系：国合会建议的时间线

国合会关于"人与自然"的建议涉及诸多重大利益关切，既包括生物多样性保护和物种丧失、生态恢复和栖息地保护，也包括应对森林砍伐、草原湿地退化和荒漠化的影响，以及各种巨大的农业需求、面临危机的海洋生态系统，渔业退化（淡水和海洋）等问题。此外，对于通过城乡生态系统规划和管理、流域管理、海洋和沿海管理等手段保护和增强生态服务，各方有着强烈的兴趣和需求。由于海外贸易和投资（包括供应链问题、海外商业活动的生态环境问题、中国生态足迹在全球持续增长）给地区和全球带来影响，国合会针对中国生态环境问题提出相关建议。中国与周边 14 个国家陆地接壤，共享淡水资源，陆地、水域、物种迁徙、公共卫生等问题影响着人与自然的和谐关系。此外，中国和日本、韩国、朝鲜及南海周边国家共享海洋边界。中国古代"天人合一"的思想体系是当今生态文明建设的重要组成部分。

通过促进绿色发展，实现这些宏观愿景刻不容缓，但也需久久为功。中国领导人多次提到了这一点。最近一次是 2021 年 8 月 23 日，习近平总书记在河北省 700 平方千米的塞罕坝林场实地考察时提到这一点。该省"推进山水林田湖草沙综合治理"后，这一地区从荒漠中恢复，成为"北京的绿肺"。习近平总书记强调，全党全国人民要发扬这种（塞罕坝）精神，把绿色经济和生态文明发展好[1]。这次考察结束两个多月后，中国在昆明举办了联合国《生物多样性公约》第十五次缔约方大会。中国的自然保护已经发生了翻天覆地的变化，要实现《生物多样性公约》提出的到 21 世纪中叶人与自然关系更加和谐的全球目标，还需要开展更多工作。"人与自然的和谐关系"是国合会最为关注的主题之一，30 年来，有 22 份通过年会提交给国务院的建议中包含了与自然相关的内容（表 2）。

表 2　国合会年会提交的建议中与自然相关的建议数量

届别	第一届 （1992— 1996 年）	第二届 （1997— 2001 年）	第三届 （2002— 2006 年）	第四届 （2007— 2011 年）	第五届 （2012— 2016 年）	第六届 （2017— 2021 年）
数量 / 个	2	5	3	2	5	5

1993 年，首届国合会设置了基准线，之后便开展了全面的后续工作，主要内容如下文所述，更多详情见附录 4。

（1）基准线（1993 年国合会建议）

中国生物多样性丰富。不断破坏生物多样性，可能会削弱中国的自然基础，威胁中国未来的食品、药品和其他材料供应，从而对经济造成巨大影响。完善陆地和水域保护区制度、恢复退化栖息地的生态生产力是十分必要的。为此，需要争取当地社区不可或缺的帮助，并与邻国开展合作，制定预防濒危物种贸易的区域协定。

（2）1996 年国合会的建议

需要付出更多的努力，解释和证明生物多样性对中国经济和民众的生活方式是至关重要的；完善自然资源的监测管理；建立

---

1 中国的碳中和目标：习近平参观历史悠久的塞罕坝林场，强调绿色目标 [N/OL]. 南华早报．（2021-8-24）. https://www.scmp.com/news/china/politics/article/3146210/chinas-carbon-neutral-goal-xi-jinping-visits-historic-tree-farm.

保护自然资源的新机制，包括采取财政手段；更好地保护林业；最重要的是，进一步让农村人口认识到自然保护与自己是息息相关的。需要更多考虑社会、经济和生物因素。

（3）此后几届国合会的建议

此后几届国合会的自然与生态建议越来越复杂，已经从最初的重点转向生物多样性、自然保护区、野生动植物非法贸易等问题。更加关注可持续农业的发展、保护森林和草原的迫切需要，以及强调生态服务的重要性。自 2006 年起，国合会的课题涉及流域管理等，尤其是长江、"从山川到海洋"等综合性课题。国合会始终强调有必要充分补偿较贫穷的江河上游地区，因为这些地区保障了富裕的城市和下游农村地区良好的生态条件。目前为止，在国合会和其他各方的努力下，生态补偿这一课题的研究已十分成熟，并在国合会和其他机构的努力下不断完善。到 2010 年，相关研究开始考虑气候变化的影响，其中包含碳封存等复杂议题。

过去十年，国合会关注的是广泛的生态健康及其与人类健康的关系，最近关注的是新冠肺炎疫情及环境风险等。国合会成立的前 18 年，一个被忽视的议题是海洋和沿海地区不可持续的开发方式。2010—2012 年，以及在整个第六届国合会期间，国合会在这方面开展了很多卓有成效的工作，并向国务院提交了一系列建议。自然相关的政策需求包括很多与自然资源相关的经济工作，与空间规划相关的新法律（尤其是生态红线），重要绿色金融问题的研究（如估值、资源税、生态属性等），以及与生物多样性和生态保护相关的利益分配。随着生态旅游和城市绿地等其他惠益的兴起，以及包括绿色食品生产在内的可持续消费的不断增长，基于自然的研究显然仍将是国合会工作的重点。

在前两届国合会中，生态文明成为具有重要意义的主题，为研究课题提供指导。向生态主题的转变不仅为确定协同作用和共同利益提供了更全面的基础，也是顺应国际趋势的体现，使我们能够认识到复杂系统的联系。这体现了国合会日益增强的能力，以及中国政策转向应对重大问题多重驱动力的趋势。

此处的简要介绍无法全面概括国合会围绕"人与自然的和谐关系"这一主题所做的工作。1992—2021 年关于人与自然的更详尽建议详见附录 4。每年的完整建议可在国合会网站上查阅。

（二）综合污染控制和预防：国合会建议时间表

（1）第一届、第二届国合会 （1992—2001 年）

1994 年（基准线）：污染防控需要详细信息，只有通过严格的监测才能获得这些信息。监测必须成为综合环境政策规划的一部分，而综合环境政策规划又必须是整个经济规划的一部分。我们需要做到以下几个方面：投入足够的资源进行监测；建立健全环境质量数据库，并对未来趋势做出预测；关注清洁技术和清洁生产方法；通过人员培训优化各级政府间的协调机制；更多更好地利用许可证、税收、收费、奖励和惩罚措施等政策工具；制定行动优先事项，以实现《中国 21 世纪议程》报告涉及领域的具体目标；借鉴发达国家的经验和新技术，同时考虑成本，以期减少进一步环境破坏行为。

1996 年：制定城市节水和环境污染规划，涵盖水供应、节水、废水回收利用等所有与水资源有关的问题。成立农村、跨城市和跨省份管理委员会，处理特定地理区域内的环境问题（如酸雨）。研究预防和处理工业有毒废弃物的新方法。

2000 年：提出避免走"先污染，后治理"和"末端治理"的老路。换言之，需要跨越传统的重污染工业阶段。

（2）第三届、第四届国合会（2002—2011 年）

2004 年：制定控制非点源污染国家战略。该战略是在流域综合管理和限制过度灌溉、全球关注温室气体、农业政策及更好地控制点源（如乡村和城镇污水和集约化畜牧产生的废弃物）的背景下制定的。

2006 年：加强农村环境管理；改善清洁饮用水的供应；促进沼气池建设及太阳能和可再生能源发展；研究改变后的农耕方式的固碳潜力，在农业中推广循环经济理念，减少温室气体排放，减少远程空气污染。

2007 年：采用"五个转变"方法，并检查该方法在"十一五"、"十二五"和"十三五"期间的运用方式。①从只关注污染总量削减转向同时关注污染总量削减和环境质量的具体改善措施；②从过度依赖特定产业的污染减排转向对各行业全面实行减排；③从单项污染物总量控制转向协同控制多种污染物；④从增加污染减排项目数量转向提高项目质量；⑤从依靠行政手段转向更多地利用基于市场的政策工具。

2007 年：建立中国化学品环境战略管理体制；加强能力建设，开展有效的检验、评估、监测；制订长期的风险评价行动计划。对健康和环境有高风险的化学品……应遵循清洁生产和绿色化工的原则。战略应符合世界贸易组织的规则……制定专门的化学品环境管理法律或行政条例。应建立化学品环境管理的基本制度体系……包括有毒化学污染物的信息发布体系，使公众了解并参与化学品管理的政府决策。

（3）第五届、第六届国合会（2012—2021 年）

2012 年：统筹区域环境容量资源，优化经济结构与布局，建立区域联防联控新机制。深化工业污染治理，推进硫氧化物减排，建立以电力、水泥行业为重点的工业氮氧化物控制体系，推进工业雾霾污染治理，加强典型行业、典型排放源挥发性有机物污染治理。确保良好的空气质量，必须利用多种手段控制污染……建立、维护和更新科学合理的污染清单系统。

2013 年：着力解决大气、水、土壤污染等突出环境问题，满足公众对健康环境的基本需求。

2014 年：建立健全更广泛的区域空气污染控制机制，防止严重的空气污染，改善空气质量；实行科学的区域大气管理方法；启动工业源、家庭和农村源、移动和非道路移动源的全面污染物控制。

2014 年：完善机动车污染治理经济激励政策；适时推出机动车燃油附加费，降低机动车使用强度；从机动车燃油附加费中筹集新的大气污染治理资金；通过财税手段淘汰黄标车和老旧车。

2017 年：制定污染防治行动计划十五年战略；实施综合性、长期性战略，关注成本效益最大化，发挥协同效应，提高公众对打赢污染防治攻坚战的信心。

2018 年：提高长江经济带绿色发展绩效；继续减少固体废物总量，防止其对河流上游、下游地区和海洋造成污染。制定经济激励措施，支持固体废物的收集和处理。促进废弃物回收利用并降低焚烧比例。改进畜禽养殖污染控制措施。提高污水处理厂的污水及污泥处理处置能力。开展宣传推广活动，提高公众对固体废物处理及循环利用的关注和认识。

2018 年：制订海洋垃圾污染防治国家行动计划。加快研究和应用塑料替代产品，创新废物处理方法。

2019 年：加强对化学品、纳米材料和其他物质的监管与风险防范。持续对传统和新型化学品进行风险评估和管理，包括评估新型纳米化学品的短期和长期影响。

2020 年：推进循环经济解决方案，实施生产者责任延伸制；

落实 2020 年初国家发展改革委、生态环境部联合发布的《关于进一步加强塑料污染治理的意见》，制定相关指南文件，减少电子商务、物流等领域的塑料和包装废弃物；实施垃圾分类，完善塑料废弃物回收体系；减少并逐步取缔一次性塑料制品的使用。强化与绿色消费相关的企业社会责任，减少浪费，提高废弃物的回收率。

2021 年：建立和改善科技研究合作机制，改善基于科学的海洋管理，包括应对海洋面临的点源和非点源污染。加强陆海统筹，强化污染防控。加强汞污染物的监测和轨迹追踪，从源头上解决海洋塑料和微塑料污染问题，减少塑料垃圾，提高废弃物管理和处置能力。

2021 年：在钢铁行业实行覆盖产品全生命周期评估，包括制定标准、提出评估方法及拟定钢铁业生态设计的认证方案，实现减污降碳协同增效。促进汽车行业绿色税收改革，通过税收政策鼓励使用无氢氟碳化物技术。采用生态设计理念和方法，建立更完善的信息披露与公众参与机制，减少垃圾焚烧产生的生态足迹，创造宜居的生活环境。

（三）能源、气候变化和低碳经济：国合会建议时间表

（1）第一届、第二届国合会（1992—2001 年）

1993 年（基准线）：能源至关重要。目前，对煤炭的依赖是污染的主要成因，对局地乃至全球气候变化产生了不利影响。我们需要促进民用和工业节能增效，开发清洁煤技术，开发替代性可再生能源；中国应与国际接轨，努力减少大气碳排放量。

1996 年：将减少对煤炭的依赖作为长期战略；开发新技术，特别是选矿、气化、脱硫和液化技术；增加天然气使用量，必要时进口天然气；开发农业能源、生物质能、风能和太阳能等替代

能源，酌情开展示范项目；消除人为障碍，采用最佳新方法，推动节能增效；在考虑环境和社会成本的情况下，建立价格法律框架；进一步制订国家计划，应对气候变化等全球问题。

2000 年：对中国西部地区而言，风能资源（占全国总量的一半）不仅有助于满足当地能源需求，而且可以为中国其他地区提供能源。国家应制定先进的再生能源配额制，确保能源供应部门提供的能源中包括一定比例的"绿色电力"（即利用可再生能源生产的电力），这些"绿色电力"可以是自发电，也可以是外购电。

2007 年：将中国的节能减排与二氧化碳减排结合起来；中国开始与全球共同实现低碳经济目标。

（2）第三届、第四届国合会（2002—2011 年）

2008 年：中国应在"十二五"规划中明确低碳经济相关目标，并将低碳经济纳入当前的战略行动中。

2009 年：中国应统筹国际、国内两个大局，尽快制定包括战略目标、具体任务和措施在内的国家低碳经济发展规划；以重点工业行业、部分城市和农村地区为先导，启动低碳经济发展的试点示范工作；向民众推广低碳生活方式。

2011 年：制定低碳工业化发展规划，设定主要重化工企业的碳强度减排目标……针对低碳生产体系和产品建立完善的法定和自愿标准体系……构建引领和支撑经济发展方式绿色转型的低碳产业体系。

（3）第五届、第六届国合会（2012—2021 年）

2014 年：大力提高发电厂和工业企业等主要耗煤部门的能源效率。中国应继续提高煤炭洗选比重，推广清洁煤技术。

2017 年：清洁煤和天然气发电是中国绿色转型期的暂时选择。应为大规模清洁煤炭部署制订退出计划和预算，避免中国被锁定在使用化石能源的发展道路上。

2017 年：通过协同效应，中国的污染减排计划不仅会推动自身实现平稳绿色转型，还将有助于实现《巴黎协定》把全球温升限制在 2℃ 或 1.5℃ 以内的目标。控制黑碳的行动会降低 $PM_{2.5}$ 和臭氧污染。控制甲烷排放也是至关重要的。对这些协同效应的监测非常重要，尤其是在长江经济带和京津冀地区。

2018 年：收紧煤炭调控政策，推广可再生能源，提高能源利用效率。具体而言，中国应该取消煤炭配额，终止长期合同，控制工业煤炭的使用，帮助依赖煤炭的省级行政区实现发展转型；从效率来看，中国完全有能力通过引入世界领先的国内和出口空调标准，推广集中制冷，在《〈蒙特利尔破坏臭氧层物质管制议定书〉基加利修正案》履约方面发挥引领作用。

2018 年：加强中国气候变化减缓行动，进一步为全球气候治理做出贡献。

2019 年：制定清晰的低碳发展战略。根据最新的国家自主贡献设定新的目标，力争在"十四五"期间实现重点行业和特定地区温室气体排放达峰，设定排放总量目标。制定 2050 年前的脱碳途径。加速减少煤炭使用量，推广可再生能源。将二氧化碳、氢氟碳化物、甲烷等温室气体和其他短寿命气候污染物一同纳入气候减缓目标；启动碳市场。

2019 年：将适应气候变化纳入国家和地方各级政府规划，研究制定气候变化与淡水资源保护、生物多样性保护、海洋管理、人体健康、绿色基础设施建设等领域的协同治理方案。

2019 年：加强重大低碳技术研发和推广，如储能技术、二氧化碳捕获和封存技术（基于自然和技术的）、光伏发电转换效率提升技术、长寿命电池技术，以及其他低碳和零碳技术。

2019 年：提升城镇化基础设施和能源系统领域的技术创新能

力。扩大城市绿色基础设施建设和绿色区域，建设高标准的绿色建筑及清洁低碳的能源系统，针对家电、制冷、照明系统等消费领域制定严格的能效标准，构建涵盖固体废物处理、污水处理、垃圾处理的循环经济体系。

2019 年：将应对气候变化纳入中央生态环境保护督察工作体系；将气候变化风险纳入现有生态环境保护督察系统。

2020 年：以能源转型为核心，设定更高的气候目标，构建低碳社会。制定更有力度的温室气体减排约束性目标，建设清洁、低碳、安全和高效的能源体系，如设定 2025 年和 2030 年碳排放总量目标，并涵盖甲烷、氢氟碳化物等非二氧化碳类温室气体。

2021 年：协调实现碳达峰及碳中和目标；建议中央碳达峰碳中和领导小组工作制度化和常态化，制订面向碳中和的中期目标、时间表及行动计划。推动部分可再生能源禀赋好的省市及电力、钢铁、水泥等高碳行业率先达峰。到 21 世纪中叶，构建碳中和经济社会体系，争取实现二氧化碳近零排放。在《联合国气候变化框架公约》第二十六次缔约方大会（COP26）前更新国家自主贡献，缩小全球雄心与《巴黎协定》目标之间的差距。建立碳排放总量上限控制制度；为面向未纳入碳排放权交易体系的主要行业开征碳税预留政策窗口，实施气候友好的大气污染防治战略。夯实低碳转型的法律基础；加快制造业脱碳速度；提升可再生能源占比的同时最小化对生物多样性的影响。设立具有明确目标任务和时间表的绿色投资路线图，推动实现"双碳"目标。全面实施气候风险信息披露和气候风险报告制度。鼓励开发气候投融资产品和工具创新，启动地方试点，开发适用、高效、先进的气候投融资分类标准体系。积极推动取消化石燃料补贴。结合"一带一路"应对气候变化南南合作计划、绿色丝路使者计划。

2021 年：稳妥应对转型可能带来的公平公正问题，尤其是煤炭依赖地区的就业和经济发展等问题。在公平转型进程中促进性别平等。制定煤炭退出机制，研究并提出安置补偿、就业转型等解决方案。建立公正转型专门基金，优先支持有序退煤、高耗能产业升级、落后困难地区包容转型等相关项目。

2021 年：将"双碳"目标作为绿色城镇化的重要战略抓手。

（四）绿色金融、投资和贸易：国合会建议时间表

（1）第一届、第二届国合会（1992—2001 年）

1993 年（基准线：绿色金融和投资）：资源的正确估价和定价是可持续经济的关键。我们必须制定和采用反映环境和社会成本的资源定价政策；取消不合理的补贴；完善现行国民经济核算体系，将环境成本纳入其中，开发和利用环境管理和污染治理的经济财政手段；提供充足资金支持环境法律、标准和法规的实施。

1996 年（基准线：贸易）：将环境因素纳入对外贸易政策中，特别是在与亚太经济合作组织和世界贸易组织的关系中；加强环境标志项目，不仅针对国内消费，同时促进对环境友好产品的出口；通过标准应用来推动绿色食品的开发，减少当前农业对化学品的依赖。

2000 年：实施相关的环境税制改革。将环境税作为市场手段推行，反映环境成本，促进可持续技术的商业化。将排污费征收制度和其他与环境相关税种统一为协调高效的环境税收管理制度。

2000 年（投资）：制定可持续发展综合投资政策。制定奖励措施（如税收减免），鼓励对资源可持续利用产业、高附加值产业和清洁产业的投资。对污染严重的产业、投资国明令禁止或将国际环境协定禁止的产业转移到西部地区的行为，制定惩罚措施。

（2）第三届、第四届国合会（2002—2011 年）

2002 年（贸易）：中国应要求对加入世界贸易组织的影响进行战略环境评估或可持续性影响评估；建立机制来监测和报告可能影响中国国际贸易的其他国家法律法规的重大变化。

2004 年（贸易）：制订绿色贸易行动计划，鼓励进口资源和能源密集型材料与产品，出口劳动力密集型产品、服务和技术密集型产品。修改《中华人民共和国对外贸易法》，涵盖可持续发展的概念，确保推进绿色贸易。

2006 年（金融）：进行有利于"资源节约、环境友好、社会和谐和可持续发展"的综合财政体系改革；针对环境财政改革建立跨部门评估机制、减少并停止对资源和环境有严重负面影响项目的财政补贴、建立生态补偿机制、逐渐从生产税转向消费税，避免浪费；通过政府采购鼓励绿色消费。

2007 年（贸易）：及时有效应对经济全球化带来的环境挑战，中国在赢得"贸易顺差"的同时，也因出口导向型经济导致"生态赤字"的出现；中国还面临着严峻的危险废物非法贸易的问题；逐步转变目前贸易增长模式，调整贸易、资源和环境的关系；对高能耗、高污染的产品和行业征收环境污染税，要求有关企业承担环境破坏的成本；制定适当的法规，对进入中国的原材料产品的主要供应链全面实施综合性环境影响评价；与其他国家开展合作，确保遵守国际协定，开展国际监测，遏制有毒废弃物的非法贸易行为。采取更多措施，逐步消除非法木材贸易及其他同类问题，遏制《濒危野生动植物种国际贸易公约》所禁止的各项活动。

2008（金融）：建立环境与健康基金，帮助赔偿历史环境问题受害者，或责任方无民事赔偿能力和难以确定责任方的受害者。

2011 年（金融）：实施绿色财政改革，包括碳税等环境税，完善基于市场的金融政策，建立碳排放交易平台。

2011 年（投资与贸易）：发展绿色贸易和绿色投资体系，建立绿色供应链，针对中国的贸易投资，倡导实行以目标为导向的绿色转型战略；中国应该出台鼓励绿色经济发展的贸易政策。在加强与国际伙伴的合作和推动可持续发展国际合作方面，中国面临着挑战，包括全球绿色技术的转让和应用。

（3）第五届、第六届国合会（2012—2021 年）

2013 年：为充分实现经济、环境和能源措施带来的协同效益，应统筹减污、节能和降碳的工作。以市场为基础的长期机制，包括定价、税收和排放量交易可在其中发挥重要作用。建议进一步探索创造新的筹资机制和资源，促进环境保护和投资。

2013 年（贸易）：提高中国绿色产品认证体系的公信力与独立性，强化中国环境标志制度；加大绿色公共采购力度，向绿色供应链生产的产品倾斜；修改政府采购体系，将新能源、低排放汽车纳入政府采购清单，促使绿色供应链成为采购标准的重要考核指标。

2014 年（金融）：加快推进和完善生态补偿制度。坚持"谁污染，谁付费；谁破坏，谁赔偿；谁保护，谁受益"的原则，对石油和天然气开采、石油化工、钢铁、塑料等行业实行强制绿色保险。

2014 年（投资）：调整政策，促进投资—消费结构再平衡。推进财税体制、行政体制、户籍制度和社会保障制度等方面的改革，确保地方政府支出结构合理化，减少过度投资，改善社会保障和公共服务，改善收入分配格局，缩小收入差距。

2015 年（投资）：确保中央财政环保投入增长率不低于财政收入增长率。

2015 年（投资）：设立国家绿色发展基金。投资范围为大中型、中长期及有较大示范效应的绿色项目，包括清洁能源、环保技术和产业；发挥绿色基金杠杆作用，撬动更多社会资金参与环保项目投资。

2015 年（投资）：推动绿色信贷、绿色债券和绿色保险；修订《中华人民共和国商业银行法》，明确银行的环境法律责任。支持鼓励金融机构和企业发行绿色债券；在环境高风险领域实行强制环境责任保险制度。

2015 年：建立国家层面绿色金融协调机制，具体可由"一行三会"〔中国人民银行、中国银行业监督管理委员会、中国保险监督管理委员会、中国证券监督管理委员会（2018 年，中国银行业监督管理委员会和中国保险监督管理委员会职责整合，组建中国银行保险监督管理委员会）〕、环境保护、财政等部门共同设立绿色金融机构。

2016 年（贸易与投资）：积极引领和融入全球绿色价值链；制定实施投资、贸易、标准、认证及能力建设等"一揽子"政策；推动中国的绿色标准和国际标准接轨，倡议构建全球绿色价值链，帮助"一带一路"国家提升参与绿色价值链的能力。

2016 年（金融与投资）：建立国家国际发展合作机构署，统筹国际发展援助及南南合作工作。该机构负责将生态文明理念全面贯彻到国际发展的各项决策与规划中，制定全面的《中国对外援助绿色行动指南》。

2016 年（金融）：为清洁科技创新营造公平竞争环境，促进绿色经济发展。加速绿色税收改革步伐，开展符合绿色发展需求的补贴政策改革，取消不当的化石能源补贴。通过绿色信贷、差别化电价水价、环境责任强制保险、专项奖励等办法鼓励环境绩效好的企业。

2019 年（金融与投资）：建立绿色金融预防机制；建立环

境保障措施和环境影响评价机制，降低待建项目的环境风险。落实绿色投资原则，要求披露与环境和气候相关的风险信息。在做出项目最终决策之前，鼓励公众参与项目决策制定并给予反馈；制定实施绿色金融发展战略，建立一套全面的风险评估方法和综合管理体系，降低所有融资和联合融资项目中的环境、气候、社会和其他风险。

2020 年：健全自然资本和生态系统服务价值评估方法和实现机制，推动长江、黄河流域高质量发展。

2020 年（投资）：在国家国际发展合作署对外援助工作中，推动绿色融资项目主流化，贯彻"无害原则"，提高绿色和生态环境保护类援助的比例，支持"一带一路"共建国家的绿色发展。

2020 年（贸易与投资）：系统化推动全球软性商品绿色价值链实践，避免毁林行为和生态破坏。

2020 年（投资）：强化新型基础设施建设的绿色内涵。疫后经济复苏为可再生能源的发展和避免高碳锁定带来机遇。加强"新基建"对绿色发展的支撑作用，涵盖可再生能源、低碳和韧性基础设施、建筑能效提升、绿色城区、绿色技术等领域，以"不对环境、生态和气候造成重大损害"为原则，增强刺激计划的绿色和韧性。对绿色复苏计划和项目开展环境影响评价。

2021 年（绿色金融与投资）：加大城市绿色基础设施投融资力度，为推动绿色、智慧、公众参与的城市转型能力建设提供资金支持。提供长期、明确、稳定的市场预期和有效的价格传导机制，完善国家碳排放权交易体系建设。充分考虑不同行业、不同地区碳达峰时间的差异性，利用市场手段提供价格、投资等方面的激励。明确碳排放权的资产属性，推进建立市场主体的碳账户，完善碳排放信息披露；设立具有明确目标任务和时间表的绿色投资路线图，推动实现"双碳"目标。针对碳密集型基础设施进行成本—收益分析，包括评估资产搁浅的经济和金融风险。扩大生物多样性保护相关投融资规模。将生态保护、修复与再生作为绿色金融的重要领域。开展生态保护金融试点，确保公共和私营部门资金流向符合生物多样性目标的项目。促进金融科技在生物多样性保护领域的应用，包括建立"金融科技＋生物多样性保护"试点示范区。识别对环境有害的激励、规定、空间规划、补贴等；借鉴国际经验，构建符合我国国情的蓝色经济融资原则、标准和指引。

2021 年（贸易与投资）：在世界贸易组织及其他机制框架下，对可持续软性大宗商品贸易提供优惠关税的机遇，评估打击一次性塑料贸易的相关工作。丰富投融资主体和参与形式，进一步拓宽"一带一路"绿色投资的资金来源。增加可再生能源、可持续储能和电网，以及保护金融等领域的融资，建立机制，确保未来"一带一路"投融资不再支持新建煤电项目。推动绿色能源、绿色基建、绿色金融等跨领域合作。立足项目绿色投融资管理需求，基于标准、保障措施和国内外成功经验，推动建立"一带一路"绿色投融资评估体系。加强境外投融资主管部门、生态环境主管部门、金融监管部门间的沟通协调和信息共享，完善"一带一路"投融资项目分级分类管理体系。与相关部门合作，将"绿色、可持续"纳入金融机构和项目开发绩效评估的核心风险评估指标。

（五）环境与发展治理：国合会建议时间表

（1）第一届、第二届国合会（1992—2001 年）

1993 年（基准线）：中国应吸取工业国家的经验教训，基于中国的国情发展可持续经济。从开始制定经济、社会政策时就应该重视环境。

（2）第三届、第四届国合会（2002—2011 年）

2004 年：把流域综合规划和管理纳入国家的"十一五"规划（2006—2010 年），制订流域总体规划。对于长江流域，在流域综合规划和管理基础方面，要制订一个基于生态系统的总体规划，并设立（多利益相关方参与的）长江发展与保护论坛。

2006 年：通过调整地方环境管理体制，形成省级以下环境管理直管并使国家环境保护总局与省级环境保护局建立直接负责关系，强化各级政府的环境执政能力。

2006 年：中国应该准备在全球环境治理和可持续发展领域发挥更积极的作用，承担更重要的责任……包括积极参与国际环境管理体系的建立，提供有关潜在环境影响的科学证据；促进全球可持续发展；继续落实和执行国际环境协议。

2007 年：中国应在未来的 15 ～ 20 年内努力实现环境与发展的战略转型，大力改善生态环境，促进经济发展；将环境保护提升到"建设生态文明"的战略高度，着力打造资源节约型、环境友好型社会。

2008 年：正确处理政府监管与市场机制、创新与稳定间的关系。

2010 年：实施绿色区域发展战略，统筹资源环境承载力和生物多样性保护需求，建立中国的区域生态保护合作机制。

2011 年：转变政府职能，强化政府在发展绿色经济过程中的公共产品管理和社会服务作用；完善有利于发展方式绿色转型的政府官员政绩考核体系；建立有利于企业绿色转型的监管框架，鼓励企业积极参与国际合作。

（3）第五届、第六届国合会（2012—2021 年）

2012 年：加大制度和政策创新及执行力度，推动生态文明建设进程；从宏观层面研究制定生态文明建设中长期远景规划；

促进整体性制度创新朝着绿色生态的方向转变；统筹区域环境容量资源，优化经济结构与布局，建立区域联防联控新机制；在区域层面，将环境保护部六个区域督查中心更名为区域督察局。

2013 年：建立生态文明建设高层领导和协调机制，加快生态环境保护管理体制改革进程，建立环境治理体制，统一监督所有污染物、所有排放源、所有环境介质、所有生态系统，建立陆海统筹的生态系统保护修复和污染防治区域联动机制；改善绿色发展治理，加快环境治理升级；改善环境治理结构，建立政府—公众—企业绿色合作伙伴关系。

2014 年：实施政府和党政干部环境审计制度。

2015 年：成立国务院环境保护委员会，明确各部门的环境保护相关职责、目标和任务，特别是经济社会发展综合管理部门，指导协调各部门和跨区域、流域生态保护和污染防治工作，充分考虑国家重大决策对生态环境的影响，对国务院各部门和地方政府的环境绩效进行督察与评估考核。

2017 年：加强全球和区域绿色治理；中国需要尽快制定 21 世纪中叶的气候战略，并考虑与其他国家相关战略联系起来。此外，中国启动的碳交易市场将成为亚洲地区可借鉴的典范；中国应该制定一个国家海洋战略，推动"蓝色经济"朝绿色方向发展。中国的海洋战略不仅要关注专属经济区等自己的海洋空间，还要关注那些延伸到国际水域和与其他国家有协议的海域。同时，中国在全球海洋治理的进程中发挥重要作用；需要建立一个包括信息披露、公众参与、纠纷仲裁的"一带一路"绿色治理机制。

2018 年：完善中国在全球和国内海洋治理中的生态文明方法；建立关于中国沿海和海洋生态系统健康的国家"海洋生态报告卡"制度；制订旨在恢复海洋生态系统功能和服务的国家行动计划。该计划应涵盖由农业农村部、生态环境部、自然资源部及沿海各省级行政区地方管理机构负责的相关行动。

2019 年：支持全球创新性海洋治理；"十四五"期间，应加大对海洋可持续发展问题的关注。

2020 年：强化海洋综合治理，提升海洋生态系统韧性，支持蓝色经济可持续增长。

2021 年：中国要关注不同经济部门的政策一致性、行政手段与市场机制的相互作用，以及需求侧的发展变化；建立政府主导、行业协会和社会组织引导、餐饮企业带头、消费者自律的协同机制；建议碳达峰碳中和工作领导小组工作制度化和常态化，建立跨行业、跨部门的沟通协作机制；支持地方政府通过多利益相关方共同参与的模式，制定城市可持续发展愿景和战略；健全县域绿色发展战略体系，包括农村征地制度、土地流转制度等的改革；充分发挥县城在市与乡镇之间的产业、要素、资源配置等方面的衔接功能，带动城市与乡村同步发展。

2021 年：制定中国绿色价值链五年发展规划和路线图；丰富全球海洋公共产品，深入参与全球海洋环境治理。

2021 年：将扩大绿色消费与深化供给侧结构性改革有机结合，打造绿色"双循环"和高质量发展模式。将建立完善绿色生产与消费法律议题纳入国家立法进程。建立部门间治理和产业上下游主体间协调机制，协同推进绿色消费；制订并实施全面的绿色标志计划，为绿色公共采购奠定基础。

五、变革的经验教训

国合会自成立之初就倡导一些会在中国政府、企业甚至更大范围内引发变革的环境与发展政策，有时是在地区和全球范围内引发变革。这一做法在一些时期显得尤为迫切，特别是在发生自然灾害（如 1998 年长江特大洪水）、化学品泄漏和爆炸事件（如 2005 年吉林化工厂爆炸导致苯流入松花江，2015 年天津化学品爆炸，2011 年渤海湾漏油），以及新冠肺炎疫情等各种流行病的时候。当环境"意外"发生后，相关方开始采取政策行动。国合会的行业研究及一直以来对环境和生态问题的持续关注，积累了有益成果。

国内外环境问题发生改变，就会产生新的变革路径和政策，在面临新的绝佳机遇或当前需求问题未能充分解决时更是如此。这无疑是低碳经济的现状。低碳经济存在着复杂的问题，需要能源部门向高效、创新和与经济增长脱钩转型。毫无疑问，低碳经济已经成为中国改革的驱动力，并在过去 10～15 年取得巨大成就。这一主题及其与气候变化和污染治理之间的联系成为国合会当前工作的重点。"低碳经济"经常和"协同效应""双赢""高效能"和"显著成果"等术语一起出现。

成立至今，自然（包括生物多样性保护和自然资源管理）和生态恢复在国合会工作中的重要性不言而喻。过去 30 年，我们看到生态保护工作发生巨大转变，如禁止伐木捕鱼、实施可行的自然保护区制度、建立"生态屏障"及陆海统筹的管理机制等。生态修复在国合会成立之前就已经开展了，但这一主题仍然是我们建议的重要组成部分。

随着治理转型中生态受到重视，这项工作得到支持并持续推进，包括完善法律法规、国家和地方行政体制机制（如 2016 年重视长江经济带的生态可持续性，2018 年组建生态环境部），实施各种财政措施。国合会的建议中频繁提到生态补偿的重要性。从 2007 年起，国合会提出了生态文明的相关建议，并支持国家政策的转变。我们认识到，生态文明可将产业不同主体聚集起来，推进绿色转型。例如，2015 年以后，国合会与金融领域相关部门合作。国合会的建议涉及银行、监管委员会和该领域的其他部门，为其转型提供指导，助推生态文明建设。

当研究前沿或系统间的交叉问题时，变革见解尤其有价值。城镇化和乡村振兴工作的过渡阶段就是最困难的情形之一（如重庆、许多其他省会城市及其郊区）。此外，还有陆地、河流、湿地和海洋的交界地带（如冲积平、长江三角洲），以及荒漠化地带。郊区和城市边缘地区需要有各自的规划和管理，包括随着城市向农村地区扩展，如何规划绿色交通和其他基础设施、环境保护战略等。国合会开展了一些研究，但更难的是如何以变革见解优化环境发展，以及如何应用生态文明等价值导向概念。

变革十分重要，根据国合会在处理转型变革方面的经验和见解，我们提出了以下几点建议。

（1）国合会讨论的许多课题并不是一蹴而就的。多数情况下，变革没有终点，应在数年或数十年里不断改进其目标和方法。因此，需要采取适应性规划和管理方法。五年规划、中期（10～15年）及21世纪中叶的目标和生态文明愿景的长期工作都是有成效的。中国积极确保后续工作的计划和实施，设定新指标，制定协调规划和奖励制度，这些对实现环境与发展目标大有裨益。先前污染治理的成果就是一个例子。

（2）对于中国的某些环境与发展问题来说，变革的代价是高昂的。但比起不作为和健康、环境或其他外部性的整体代价，变革的代价又是低廉的。同理，预防比治理的成本低。那也是中国的许多专家不赞成"环境库兹涅茨曲线"的原因。目前中国应该走高质量发展道路，而不是走"先污染，后治理"的道路。

（3）一些变革工作，尤其是国家推广试点、改变行为和采用新技术等，要很长时间甚至是几十年之后才能初见成效。确定问题也是一个很漫长的过程，其中涉及各种因素，如复杂的决策、缺乏法律支持和行政管理、资金或能力不足、地方或部门内部的既得利益、依赖自上而下的非参与性办法等。"领导小组"和特殊机制有助于克服这些障碍。长江经济带、京津冀和其他区域框架，以及 2021 年年初在国务院副总理韩正领导下新成立的碳达峰碳中和工作领导小组（旨在应对气候变化，保证实现 2030 年碳达峰和 2060 年碳中和）就是其中的例子。

（4）大家普遍担心，绿色技术从开发到应用再到解决问题的过程太漫长了。这一点显得尤为重要，因为几乎所有的环境与发展领域对先进技术的需求都在增加，如"大数据"。令人欣慰的是，中国在风能和太阳能领域取得了重大进展，而且推广各类电动车的速度已经比其他国家快了很多。

（5）中国高度依赖贸易和投资，尤其是在加入世界贸易组织、签署各种双边和多边贸易协定后更是如此，这加快了经济发展，但同时在某种程度上不利于环境与发展变革。这一点可能存在争议，因为大部分绿色发展资金依赖于贸易和投资流动。绿色认证和国际公认标准的采用相对缓慢，绿色市场供应链的接受程度相对有限，此外还需要更多地关注可持续消费问题，这些都是重要的考虑因素，尤其是当中国鼓励通过扩大内需来拉动经济增长时就更是如此了。中小企业需要进一步实现绿色发展。与此同时，国有企业的绿色发展绩效，以及中国商品（尤其是要在国内使用的商品）的海外生产绿色化也需持续推动。一些国家，尤其是"一带一路"共建国家面临着加快转型的重大机遇。

（6）大家普遍认为，新冠肺炎疫情对各国造成了重大影响，但这也是改革的关键契机，无论是为了实现新型全球化，推动国家经济社会复苏，还是为了改善生态管理，防止未来出现大流行病。"更好地重建"的想法似乎深入人心。为了实现这一目标部分手段已经落实。目前，迫切需要加快努力，实现联合国《2030 年可持续发展议程》中设定的目标。要做到这一点，就要排除万难，更加注重综合发展战略。

  中国未来的变革要尽可能地从社会和政治上将机构能力、资金和法律框架结合起来，促进创新机制的推广应用。我们需要促进社区和个人参与，明确哪些措施切实有效，获取这些反馈是很有必要的。国合会过去的经验和见解将为上述领域提供宝贵建议。

第六章
伙伴关系、外联和其他活动

China Council for International Cooperation
on Environment and Development 30 Years
Committed to China's Environment and
Development Transformation

虽然国务院高层领导是国合会建议的主要受众，但并不是唯一受众。鉴于环境与发展主题已经在中国深入人心，国合会期待听取多方观点，以便促进工作。特别是在过去的 5 ～ 10 年，国合会一直强调战略外联工作并采取了多种形式。

国合会加强了与资金合作伙伴的关系，让他们更直接地参与研究和外联工作。例如，在资金合作伙伴的协助下，国合会组织了若干个年会主题论坛，通过线上直播，国内外的观众都可以关注这些会议。大多数会议与国合会目前的研究课题直接相关，为我们的研究人员提供了新的视角，也向观众提供了相关信息。

近年来，国合会也更加注重扩大联系和合作范围。这一点在国合会章程中予以了明确：

"国合会秉持多元、包容和共享原则，体现专业、地域、国别平衡和性别平等，注重青年、私营部门和社会组织代表广泛参与。"

对于国合会来说，这些并不是新的观念，但实现起来却花费了很长的时间。预计即将到来的第七届国合会能取得良好进展。

随着中国和世界其他国家开始强调将环境与发展问题主流化，纳入整个社会决策，很显然，我们需要更多的投入。正如本书其他部分所述，理解和加强联系并形成合力至关重要，这对新冠肺炎疫情后绿色复苏尤为重要。

为了响应 2012 年"我们希望的未来"的呼吁，实现联合国《2030 年可持续发展议程》设定的目标，国合会必须努力与全社会形成联系，并在此基础上向其主要支持者——国务院进一步靠拢。

一、国合会—欧盟圆桌会议合作

国合会与欧盟建立了长期建设性关系，欧盟委员会的高级人员作为国合会委员参与国合会的研究项目，并就绿色发展、贸易和供应链、环境保护和气候变化等共同关心的问题进行讨论。2016年5月，国合会在布鲁塞尔就共享经济对绿色发展的贡献问题举行了圆桌会议。会议由欧盟委员会环境总司总司长和环境保护部部长陈吉宁主持，与会者包括优步（Uber）首席执行官和爱彼迎（Airbnb）全球运营主管。本次会议之后，2016年国合会年会还举办了一个同一主题的论坛，介绍了中国在共享经济方面的成功案例。

2018年6月，国合会在布鲁塞尔再次举行国合会—欧盟圆桌会议，研究"改善全球环境与发展协议绩效协同效应"。会上提出了三个问题：①如何发挥协同作用，以更及时、更全面的方式实现全球目标和指标？②中国如何在改善全球环境和发展治理方面发挥更大作用，甚至是引领作用？③在未来几年，首先是到2020年，然后是在更长的时间框架内，提高协同效应的一些优先行动是什么？会议重点讨论了国合会课题组的三个专题政策研究：全球气候治理和中国贡献、2020后全球生物多样性保护、全球海洋治理和生态文明。会议由解振华和凯瑟琳·麦肯娜主持，欧盟委员会第一副主席蒂默曼斯和20多名相关高级别专家参加了会议。

二、商业部门伙伴关系

在六届国合会中，每一届都有资深商业人士担任过委员，不过人数不多。研究团队中企业界人士的参与也是如此。中小型企业的代表不足，包括那些在很大程度上影响了中国和国际商业创新的年轻企业家，以及对循环经济、共享经济和生态旅游等蓬勃发展领域进行重大投资的企业家代表也不足。福格齐一直致力于推动解决企业代表不足的问题。他是一位私人企业家、银行家和敬业的环保人士，也是第四届、第五届国合会的委员，并与潘家华先生共同担任了 2011 年国合会贸易、投资和环境课题组联合组长[1]。当时，这个课题组的独特之处在于，它对受到中国重点投资的三个发展中国家的商业领袖、非政府组织和官员进行了深入的采访和实地考察。

另外，国合会与一些全球商业可持续发展组织建立了牢固的工作关系，特别是世界可持续发展工商理事会及其中国分支——成立于 2003 年的中国可持续发展工商理事会。这些伙伴关系是由史蒂格森先生促成的，他在第二届至第四届国合会（1997—2011 年）期间担任委员，发挥了非常积极的作用。这一时期是中国向工业和制造业大国转型的时期，炼油、钢铁等企业迅速扩张。国合会关于生态效率、低碳工业化、重化工行业的增长、环境评估和工业选址是非常重要的课题。2012 年至今，贝德凯（Bakker）先生一直延续国合会与世界可持续发展工商理事会的合作关系，并开拓新的课题，包括企业社会责任和报告、环境风险管理、绿色技术创新，以及企业在绿色发展中的领导作用。国合会积极参与这些领域的研究，并继续与世界可持续发展工商理事会和中国可持续发展工商理事会密切合作。通过组织这些合作网络探讨具体的主题是十分有效的。例如，2021 年 3 月，国合会召开"气候与生物多样性专题对话会"[2]。与会人员包括世界

---

1 国合会投资、贸易和环境工作小组的主要议题报告 [R/OL]. 国合会年会 . 2011. https://www.iisd.org/system/files/publications/cclcedmaintopicsreport.pdf.
2 参见 https://www.wbcsd.org/Overview/News-Insights/General/News/China-s-CCICED-Conference-puts-Climate-and-Biodiversity-central.

可持续发展工商理事会会长、生态环境部部长，以及其他国合会委员和专题政策研究专家。

近年来，国合会与世界经济论坛开展了合作。双方通过各种渠道建立了工作关系，包括同国合会现任和前任委员、国合会秘书处及各研究小组的联系。近几年世界经济论坛一直在中国举办夏季达沃斯论坛。国合会在一些地方与世界经济论坛也联合举办了环境与发展会议。2017 年，双方正式签署谅解备忘录。此次合作将探索中国将如何发展循环和共享经济以提高资源利用效率，并将重点关注海洋、环境新技术的潜力及气候变化等其他领域。在 2007—2009 年的高层讨论和建议中，国合会推动了《中华人民共和国循环经济促进法》的全面实施。艾伦·麦克阿瑟是循环经济的坚定支持者，她指出："……在 2009 年，中国是第一个针对循环经济立法的国家……今天宣布了的中国政府和世界经济论坛之间的协作，将致力于加快循环经济转型，并释放了一个重要信号，即此课题的重要性和其全球性[1]。"世界经济论坛最近对国合会的贡献之一是 2020 年发布的《重大绿色技术创新及其实施机制》专题政策研究报告白皮书[2]。

三、国际和中国研究组织的联系

非常多的组织加入了国合会的研究团队，很难列出一个不遗漏任何成员的完整名单！他们是国合会的工作主力，也是国合会的重要活动引擎。他们不仅贡献了大量自己的时间，而且在设计和开展活动时，也帮助选择研究小组成员，安排实地考察中国境

---

1 参见 https://www.weforum.org/press/2017/02/new-partnership-aims-to-boost-china-s-environmental- policies-and-circular-economy/.
2 参见世界经济论坛和国合会于 2020 年 9 月发布的《中国城市主要绿色技术和实施机制》，https://www.weforum.org/whitepapers/major-green-technologies-and-implementation-mechanisms-in-chinese-cities.

内外的团队，有时还帮助寻找额外的资金支持，并与赞助机构、对研究活动感兴趣的其他机构、国合会秘书处（包括国合会秘书处国际支持办公室）及首席顾问和国合会委员进行联络。

驻中国的联络人和来自捐款方、其他国际组织、公司等组织、大使馆和国内办事处的代表，他们默默无闻地承担重任。很多时候，这些人协助国合会处理复杂的问题，如确保资金流动顺畅、安排会议、在研究活动中发挥积极作用、寻找相关专家等。有些人在中国生活了数年甚至数十年，或者长期在国内办公室从事中国事务的相关工作。他们是值得欢迎的合作伙伴，有时甚至对于国合会工作而言是不可或缺的。

所有来自这些境内外组织机构或个人的贡献，不能只用金钱衡量，甚至不能用他们的"实物贡献"来估计。对于这些机构和个人而言，只能通过他们对工作的热情程度来衡量，或者最好通过其建立起来的专业知识和人际关系来衡量。

国合会大多数工作的一个特点是不仅需要科学知识，而且需要将这些知识转化为对政策制定者有用的形式。此外，跨领域的问题也比比皆是（专栏7）。因此，几乎在所有的国合会研究和建议的准备过程中，都需要对结果进行整合，这是我们工作中的一大难点。为此，我经常求助于该领域著名专家和拥有先进技能的机构。这不仅是国合会首席顾问和协同工作人员期望具备的本领，也是国合会委员和研究小组负责人渴求的技能。

当然，精通当前环境和发展问题的政治内涵，并对未来的趋势有良好的认识也十分必要。这不仅适用于中国国内的事务，也适用于区域和全球化的情况。国合会的优势在于它有众多渠道可以获得这些信息。另外，在过去的几十年里，中国在世界上的地位越来越重要。国合会年会带来的不是几十位而是几百位专家，他们专注于一系列共同感兴趣的问题。在中国境内外的国际会议上，国合会也经常举办特别活动，专家们也会有很好的交流。

国合会的网络在不断扩大和变化，因此管理有一定难度，有时在选取新旧议题方面很难取舍。在这方面，因为历届国合会周期与中国的"五年计划"周期基本匹配，便显现出了其优越性。

四、国合会年会主题论坛

在第五届和第六届国合会期间，一项重要的改革就是引入了主题论坛，论坛形式通常是围绕特定年会主题组织的一整天的会议。这些主题论坛由国合会研究团队和合作伙伴共同举办，为国合会委员和相关专家提供了发言和深入交流的机会。每一次主题论坛的场地规模都适中，同时也提供了线上讨论的机会，这样的做法成效显著。主题论坛会把会议总结和建议提交给年会，一些合适的提议将有机会成为正式建议。这些主题论坛有助于制订国合会未来工作项目规划，同时也为专栏 8 这样的跨领域主题提供了不同视角。

在 2018 年国合会年会上，能源基金会（中国）、儿童投资基金会和中国科学院科技战略咨询研究院共同举办了题为"创新发展路径、应对气候变化"的主题论坛。论坛围绕"低碳发展路径创新"和"应对气候变化的体制机制创新"展开，还邀请了来自不同领域且与国合会颇有渊源的演讲者和讨论者，他们或是国合会委员，或是该领域的研究人员，具体如下。

"中国气候变化事务特别代表解振华和联合国开发计划署署长施泰纳作为国合会副主席共同主持本次公开论坛并致辞。许多该领域顶尖专家与会并参与讨论，包括第十三届全国人民代表大会常务委员会委员、中国科学院科技战略咨询研究院副院长王毅，清华大学气候变化与可持续发展研究院学术委员会主任、清华大学常务副校长何建坤，中国工程院院士、清华大学环境学院院长贺克斌，能源基金会（中国）总裁邹骥，儿童投资基金会首席执行官韩佩东，美国国务院前气候变化特使、威廉和弗洛拉·休利特基金会环境项目总监潘兴，欧洲气候基金会首席执行官劳伦斯·图比娅娜等[1]。"

实现如此级别的号召力，彰显出国合会活动的一大优势。该机制随后也纳入了国合会气候变化专题政策研究工作。

五、国合会圆桌会议

自 2008 年以来，国合会每年都会举行一次或多次圆桌会议，通常是与年会和 / 或具体研究活动密切相关的主题，一般在不同城市举行。主旨发言人和评论发言人包括企业家、地方官员、国合会领导人和研究人员，集中讨论与当地或区域受众高度相关的主题。有些圆桌会议是与合作伙伴共同举办的，如与世界经济论坛合作的 2020 年海洋活动，以及与中国浦东干部学院合作的 2016 年绿色金融活动。第六届国合会期间举行的国合会圆桌会议如下。

——2021 年"减污降碳协同治理"——污染控制、碳减排和生态改善的协调治理；及早达峰的可能路径和挑战；长三角地区在经济发展的同时促进生态环境保护的良好实践（苏州，线下和线上）。

——2020 年"创新型城市与大湾区绿色发展"（深圳）。

——2019 年"气候协同治理与联合国 2030 年可持续发展议程圆桌会"（纽约）。

——2018 年"2020 后全球生物多样性保护"（沙姆沙伊赫）。

---

1 参见 https://www.efchina.org/News-en/EF-China-News-en/news-efchina-20181102-en.

——2018年"创新与绿色发展国际工商圆桌会"（长沙）。

——2017年"新理念　新机制　新技术"（廊坊）。

——2016年"推动绿色金融，助力绿色发展"（上海）。

最有趣的一次圆桌会是2007年4月举办的首次圆桌会。这次会议并不是针对商业界，而是为了宣介低碳经济这个对中国很重要的议题。会议发言人包括英国前副首相约翰·普雷斯科特、政府间气候变化专门委员会前主席帕乔里、美国加利福尼亚州环境保护局前局长琳达·亚当斯，以及主要来自欧洲的众多杰出政治家和其他人士，还有来自中国的专家。这次会议是由国合会委员、挪威政治家布伦德及国合会原秘书长祝光耀策划的。一些重要的外国客人是自发前来的，因为他们看好此次会议的价值。不过，会议也一波三折，因为对于这个话题在未来的重要性，以及它可能对中国经济产生的影响，各方尤其是中方这边并没有达成一致意见。然而，随后几年，低碳经济迅速成为中国最重要的话题之一，并吸引了公众的广泛关注。可以说，这次为期一天的圆桌会议激发了国合会在这个领域发挥领导作用的兴趣。

第七章

展望未来：2021—2035 年及以后

China Council for International Cooperation
on Environment and Development 30 Years
Committed to China's Environment and
Development Transformation

"一场百年一遇的转型正在进行。"

近期国合会最有说服力的发声是 2021 年 9 月提交的标题为《推动战略转型，迈向低碳包容自然和谐的绿色发展新时代》年会政策建议 [1]，其强调了目前多重环境危机的困境以及中国和世界应该采取的措施。

"世界正面临新冠肺炎疫情应对与经济复苏、气候变化、自然破坏和污染等多重危机……整合低碳、自然保护和污染防控应成为当前经济复苏的战略优先事项。

全球抗疫实践再次表明，全球生态系统是一个相互关联的整体。没有一个国家或地区能独善其身，迫切需要全球团结和国际合作。当前，实现碳中和、保护自然、减少废弃物和污染、支持'同一健康'等综合议程，以及实现社会公平的承诺正在世界各国和社会各个层面深化。

在昆明举办的《生物多样性公约》第十五次缔约方大会和在格拉斯哥举办的《联合国气候变化框架公约》第二十六次缔约方大会为推进包容、碳中和以及自然和谐的综合议程提供了历史性机遇。加强环境治理体系建设，促进多边环境公约间协同增效，对支持综合施策至关重要。

国合会委员们高度赞赏国家主席习近平关于建设生态文明、实现人与自然和谐共生的相关论述，以及'十四五'规划和2035 年远景目标纲要为推动高质量绿色发展主流化设立的目标和规划的举措。

委员们认为，习近平总书记做出的碳达峰、碳中和承诺，为中国疫后复苏和绿色繁荣指明了方向，世界也期待从中国的践信守诺中汲取智慧和力量。要高效、平稳、有序落实承诺，需要关注不同经济部门政策的一致性、行政手段与市场机制的相互作用，

1 参见 https://cciced.eco/wp-content/uploads/2021/11/P020211109499612150007.pdf.

以及需求侧的发展变化。

基于国合会政策研究成果并结合年会讨论，委员们建议，中国应把握科技革命和产业绿色变革的契机，重视结构转型的目标、时间安排和实现路径，建立明确、稳健、综合性、系统性的绿色发展政策体系，从宏观和微观两个层面明确可以采取的行动，推进社会经济全面绿色转型。"

如专栏14所示，2021年国合会针对迫切需要的"百年一遇的转型"提出了四个方面建议。

专栏 14　2021 年国合会向国务院提交的四个方面建议

一、坚持全球生态系统的整体性。推动应对气候变化、生物多样性保护、污染防治等主流化，强化跨部门、跨区域的政策衔接。通过生态资本核算探索建立绿色责任账户，夯实绿色低碳发展的微观基础，保障转型的全面性、平稳性、普惠性。

二、打造绿色城镇化新范式。将"双碳"目标作为绿色城镇化的重要战略抓手，依托城市更新、县域发展和绿色乡村振兴三大支柱，构筑低碳空间新格局。

三、协同推进可持续生产和消费。重视绿色数字创新赋能，将低碳、生态系统保护等相关标准纳入绿色供应链，加强产品设计、材料、产品回收再利用等上下游绿色联动，推动循环经济发展，打造绿色"双循环"，为高质量发展提供新动能。

四、协同推进国内绿色发展目标举措与国际合作及多边

> 治理进程。建立更紧密的绿色发展伙伴关系。通过绿色投融
> 资主流化、绿色供应链与可持续贸易、共建绿色"一带一路"
> 等，推动包容绿色转型和发展成果共享。

当前，国合会可在三个不同的时间段贡献国内外发展进程。首先是目前正在进行的"十四五"规划时期，国合会已经在2019—2021年提出相应的建议。其次是未来的两个五年规划时期（2030—2035年），针对当前的五年规划如何为未来的十年打好基础研提更具体的建议，届时中国将有望实现与生态文明和中国发展的基本现代化相关的关键目标。从现在到2035年这段时期，综合发展战略将特别重要。此外，国合会还需要协助履行国际承诺，包括到2030年前二氧化碳排放达到峰值，根据修订的《生物多样性公约》国家行动计划实现生物多样性保护的目标，以及联合国《2030年可持续发展议程》中设定的目标等。最后是2035—2040年到2050—2060年的更长时期。情景分析和建模有可能助力中国全面实现现代化设定具体目标，建成遵守生态文明原则、践行生态文明理念的碳中和的社会。

推进中国"十四五"绿色发展和生态文明建设（2021—2025年）

当前，中国通过"十四五"规划确定了更长期的绿色发展路线，总基调是高质量发展，首要原则是"双循环"，国内消费升级扩容的同时继续拓展跨境贸易。"十四五"规划强调实现低碳经济，淡化GDP目标（事实上，"十四五"规划中并未设置

GDP 目标），将继续落实绿色经济发展[1]和生态系统总值[2]等举措。"十四五"期间，这些做法将对政策制定者产生持续效益。国合会研究人员在过去几年对这些新主题做出了重要贡献。2019年国合会向国务院提交的建议的导言中指出："从高速发展向高质量发展过渡，可以调和经济发展不平衡、不充分与人民对美好生活的需求之间的矛盾。这种转型也可以促进环境保护、生态管理和可持续发展……国内大刀阔斧的环保行动需要与多边承诺保持一致，包括《联合国气候变化框架公约》、《巴黎协定》、可持续发展目标和《2020年后全球生物多样性框架》[3]。"

国合会2019年在建议中强调了绿色发展的三个重要特征——全方位，加强创新，消费现代化。换言之，就是需要采取综合方法；对于诸多倡议来说，还需要采用长期的方法。因此，"'十四五'规划应服务并支持美丽中国2035、应对气候变化和生物多样性保护2050全球愿景"。"绿色发展将改变传统发展理念，推动治理机制改革与提升，促进生态资本核算体系制定。绿色发展指标应成为综合性指标，对政策表现和政府官员绩效进行全方位评估。通过协调绿色金融、生态税、绿色定价、绿色采购和绿色消费等政策措施，内化生态成本。"

国合会针对一些关键议题提出了八条具体的建议（附录5）。首先是"促进绿色消费"。仅就这一主题而言，就有许多重要的建议：明确推进绿色消费的重点领域；扩大绿色产品和服务的供给；修订《中华人民共和国政府采购法》，强调绿色来源；

---

1 钱承臣.《推进中国包容性绿色经济》[R/OL].(2020-08-30). https://www. greengrowth knowledge.org/blog/making-progress-towards-inclusive-green-economy-china.
2 中国城市中拥有大量的生态系统产品总量研究的例子，如深圳、长江黄河流域，以及青海等省级行政区。
3 参见附录5。这套国合会2019年提交给国务院的建议也可在网上查阅：http://www. cciced.net/ccniceden/POLICY/APR/201908/P020190830118167260634.pdf.

推动落实生产者责任延伸制度[1]，促进绿色供应链和循环经济发展；减少塑料制品的使用；实施市场激励政策；倡议发起绿色生活运动。

其他七项建议涉及推进绿色城镇化、推动长江经济带绿色发展、加快气候行动、生物多样性保护、推进海洋可持续发展、推动"一带一路"绿色发展和跨领域挑战、促进技术和制度创新。这么多议题本身就彰显了对话及建议采纳所涉部门的多元性。毫无疑问，实施绿色发展需要在"十四五"规划期间将环境和发展全面纳入发展主流。

2020 年至今，国合会通过其研究小组的工作和线上会议继续为"十四五"规划提供支持。尽管新冠肺炎疫情导致出行不便，国合会工作仍非常成功。2020 年 9 月，国合会将标题为《从复苏走向绿色繁荣》的最新年度建议提交给国务院[2]。其导言中指出，"国际社会高度关注中国'十四五'经济、社会和生态环境保护战略，在资源全球配置的背景下，这不仅事关中国持续、稳定增长，也与全球绿色繁荣和人民福祉息息相关"。此外，习近平总书记"绿水青山就是金山银山"的理念和政府继续加强绿色发展的工作不仅造福中国，也惠及世界。现在需要做的是，进一步关注推进"绿色发展的综合框架"，"提出战略概念，制定具体政策目标，确定优先领域及执行体制和机制"。换句话说，强调关注生态文明所需的实践基础。

建议还指出，"中国应继续为多边环境和发展进程做出贡献，履行负责任发展中大国的义务，加入全球绿色伙伴关系，共建地

---

1 "生产者责任延伸制"于 2016—2017 年推出，并将在未来几年内与各部门逐步落实到位。它的目的是使国内制造商承担起环境责任。有 50% 的废弃物被回收和再利用，到 2025 年回收材料将达到 20%，这是建立强大循环经济的关键途径。参见 http://www.responsabilitas.com/blog/china-epr-regulation/.
2 参见 https://cciced.eco/wp-content/uploads/2020/08/cciced-2020-en-policy-recommendations-2020.pdf.

球生命共同体"。

另一个关键概念是"鉴于公共卫生、污染和废弃物管理的密切关系，促进形成针对新冠肺炎疫情和环境问题的有效措施，还需要促进多方利益相关者的治理、扶贫和性别主流化以及实现社会公平和正义"。这些观点与世界各地的"重建更美好家园"相呼应。具体来说，对于疫后经济复苏，有人认为这是促进绿色发展的机会，并应将重点转向增强社会经济的韧性。具体措施包括强化新型基础设施建设的绿色内涵、支持绿色就业、采取综合性措施、降低社区脆弱性、推动绿色生产和消费、支持多边倡议和强化国际合作，如"整体健康""联合国生态系统恢复十年决议"等。除此之外，还应该采取措施"推进绿色金融体系建设"。

"绿色发展需要采取综合措施，有效衔接短期和中长期目标，推动体制机制协调一致。此外，在生态文明建设的实践中，应推进立法、司法和行政机关形成践行生态文明的合力，建立健全现代化环境治理体系。其他机制包括探索更具科学性、合理性、实用性的自然资本价值核算方法和实现机制。拓宽视野、深化认识，将环境因素纳入更广泛的经济社会规划与政策。推动碳排放权交易等绿色市场体系建设。完善绿色标准体系、绿色财税体系和绿色金融体系，形成与绿色发展相协调的政策激励措施，并通过政策合规和监管执法促进政策落地。"

国合会在近几年已经提出了许多这样的建议，有些甚至在十年前或更久之前就已经提出。现在这些建议的重要性体现在国家和地方政策落实能力稳步增强。绩效问责更加重要。我们也具备随时采取行动的工具、资金和意愿。因此，有理由抓住新冠肺炎疫情后的复苏时机，推广成熟的重大绿色技术，强化绿色基础设施建设，提高社会经济的韧性。

在 2019 年、2020 年以及 2021 年的建议中，国合会对国家和全球行动，以及各行业绿色发展和可持续发展之间关系的把握达到了一定的水平，而这在五年前 "十三五" 规划开始时是根本没有的。当然，这并不意味着未来就会一帆风顺。不过，令人鼓舞的是，国合会的许多建议已经被纳入 "十四五" 规划。

一、2021—2035 年中期关键行动

中国当下做出每个承诺均可促进未来的环境和发展的进程。当尼古拉斯·斯特恩爵士等知名专家谈及中国的温室气体排放峰值时，当世界自然基金会和世界自然保护联盟等组织谈及生物多样性保护时，以及当联合国在谈到生态系统恢复时，都曾多次提到这一点。当下这十年非常宝贵，可以帮助我们实现碳达峰以及中国境内外其他主要的环境与发展需求。全球范围内，联合国《2030 年可持续发展议程》至关重要。在这方面，中国可以通过实现自己的可持续发展目标，以及与其他国家的发展伙伴合作向相关方提供帮助。此外，中国也通过诸如 "一带一路" 倡议和南南合作机制，以及在海外运营的诸多企业和其他组织向相关方提供帮助。

专栏 15 列出了这三个五年计划期间国合会委员建议的中国环境与发展优先工作事项。这些优先工作事项是根据我国目前对现状的认识列出的，但正如我们所看到的，新冠肺炎疫情的出现可能会使优先事项突然变多。与气候变化有关的事件有可能成为最有力的变革动力因素，还必须更注重可持续生产和消费。

专栏 15　中国国内 2021—2035 年环境与发展十大优先工作事项

落实 2035 年生态文明目标要求，为实现联合国《2030 年可持续发展议程》设定的目标继续努力，持续推进绿色科技创新与应用。

转向清洁生产工艺、绿色采矿、棕地修复、低污染农业（包括尽量减少非点源污染、改善固体废物管理及塑料使用等），基本完成对空气、水和土壤的主要污染物的源头管控。

实施绿色发展，为可持续生计创造机会，增强自然资本、人力资本与福祉，提高维持生态系统和可持续/绿色生计的能力，在生态完整性的基础上优化流域利用和海洋管理。

协同开展生态恢复和生物多样性保护工作，减缓和适应气候变化，优化生态服务。

落实世界上最先进、最有效的低碳经济方案，以及将碳中和与基于自然的解决方案转化为新的经济机会的机制。

成功实施能源消费转型，大幅减少煤炭和其他化石燃料的使用，同时继续努力降低碳强度，争取超额完成当前宣布的目标。

加快城乡超高效用水创新，大幅减少地下水消耗并改善水质。

取消非可持续性/不恰当的补贴，取消不符合绿色供应链、循环经济和其他环保实践的贸易和投资安排。

建设绿色、安全、宜居城市，确保实现绿色、可持续乡村振兴，并在城乡之间构建起绿色生活桥梁，在现代化的农村、郊区和城市中保护自然，确保粮食安全，满足生态服务需求。

彻底改革公共和私营部门的融资机制和渠道，充分满足绿色投资的需求，缩小城乡居民之间的不平等，并从比经济增长和发展等更广泛的角度重新定义财富和繁荣。

二、国合会国际国内合作战略（2022—2035 年）

2019—2021 年，国际社会对努力加快应对生态环境和新冠肺炎疫情等全球紧急事项的呼声愈加强烈。部分焦点集中在国家、地区以及全球层面，希望就新冠肺炎疫情造成的经济、环境和社会影响制定绿色复苏战略。涉及中国的主要有以下几个重要方面：①中国政府为全面实现生态文明目标持续做出的承诺；②希望在 2030 年前达到二氧化碳排放峰值；③建立严格有效的生态保护红线，保护生态系统和生物多样性；④实现"十四五"规划中与城镇化、乡村振兴、清洁工业和绿色科技发展相关的各项环境目标。

三、生态文明优先主题（2022—2035 年）

其中一些议题（专栏 16）可能会在第七届国合会进行审议。总体来说，这些议题在中国和 / 或国际上十分重要。尽管大部分议题已经经过国合会研究、圆桌会议讨论……但这些议题可能会随时间发生变化，因此需要长期关注。

专栏 16 解决 2022—2035 年需求的潜在主题

生态安全与资源可持续利用

- 气候变化减缓与适应；

- 非点源污染；

- 提升生态支持、管控与文化服务；

- 粮食和纤维安全；

- 生态水土安全；

- 海洋可持续利用；

- 尊重和保护自然（公园、生态红线、传统和现代保护实践）。

绿色发展改革

- 绿色城市发展与乡村振兴；

- 绿色交通；

- 绿色工业革命（工业 4.0 等）；

- 绿色复苏与重建；

- 繁荣与韧性。

民生

- 公众参与环境与发展决策和倡议；

- 国内可持续生产与消费供需；

- "同一健康"；

- 生态文明下的生计。

绿色发展科技创新

- 绿色发展科技创新；

- 先进的循环经济；

- 高新技术（信息技术、大数据、生物科技等）。

四、解决尚未深入研究的议题

由于种种原因，国合会未能充分探讨一些在国际或亚洲或其
他地区广泛讨论的重大议题，如贫困问题、大规模水利工程和其
他基础设施发展对生态社会的影响问题、核能发展问题、危险废
弃物管理问题、野生动物非法贸易问题、国合会各方面工作的性
别问题、各种海洋问题（包括对远洋捕鱼船队的过度检查问题、
北极和南极环境保护与资源利用问题，以及环境和职业健康问
题）。刚刚列出的这些议题尚不全面，但未来是否应该更深入地
讨论这些议题？在生态文明的大背景下，这一考量十分重要，因
为这一概念除了可持续发展通常包含的环境与生态要素、社会要
素、经济要素，还包括文化要素和政治要素。

五、未来展望（2040—2060 年）

在第七届国合会中，有关情景和模型的工作可能会有用，能
更清楚地把握并了解长期绿色、高质量发展的方向和潜在价值。
长期环境与发展最具体的例子包括那些与重大议题相关的事项，

如 2060 年前实现碳中和的承诺、到 21 世纪中叶左右实现人与自然和谐相处的愿景、乡村振兴的长期目标，以及充满挑战的城镇化路径。中国人口老龄化是"十三五"期间备受关注的问题，而且这一问题可能很快就会变得更加严峻。在绿色技术的帮助下，在中国人民对高质量生活向往的推动下，我们相信中国将持续朝着"美丽中国"目标迈进。为了实现这一目标，中国和所有发达国家必须减少"生态足迹"和对"地球边界"的压力。当然，在未来的几年里，上述所有其他议题都可能得到国合会的关注。令人鼓舞的是，2021 年春季中国成立了碳达峰碳中和工作领导小组，由国合会主席韩正副总理担任组长[1]。这表明各部门之间需要采取协调一致的做法。

六、国合会作为智库的未来

从 1992 年召开第一次年会开始，一些国合会委员和其他人士就把国合会视为一个智库。多年来，人们对这个称呼看法不一。一方面，国合会提供了诸多明智建议与新思想，也具有智库的其他属性。另一方面，国合会会让人联想到"象牙塔"，虽然孕育出了新思想，但并不知道该如何将这些思想融入现实世界。根据国合会的一位杰出顾问给出的定义，智库是"参与公共政策研究分析的组织，针对国内和国际问题提供政策导向性研究、分析和建议，从而使决策者和公众了解公共决策"[2]。显然，国合会具备成为智库的资格。多年来，国合会与智库报告中环境类 25 家顶级智库中的至少 13 家建立了工作关系，并与其中一些机构建

---

1 参见 https://www.carbonbrief.org/explainer-china-creates-new-leaders-group-to-help-deliver-its-climate-goals.
2 宾夕法尼亚大学兰黛学院的一个调查小组对各类别的领先智库进行了年度排名，见詹姆斯·麦甘 2019 年发布的《全球智库报告》，https://repository.upenn.edu/cgi/viewcontent.cgi?article=1018&context=think_tanks.

立了长期合作关系。

国合会主要服务于国务院。国务院必须不断为现实问题寻找解决方案并提出政策建议，同时了解如何权衡利弊以形成合力。国务院可以从很多渠道获取建议，包括自己的规划和研究机构（如国务院发展研究中心），以及大学、国务院各部门的研究机构，当然还有中国的主要研究机构。

在 2020 年及之后的几年，要想被评为智库并非易事。中国政府决定，只有少数研究机构可以被认定为高端智库。这种认定对政府财政支持和像国合会委员会议这样的大型活动的举行频率等问题有很大影响。国合会的混合机制及其独特性，对于争取国家智库认证既是优势，也是劣势。对于国合会来说，这也可以用于检验这一高层政策咨询机构的理念及其研究倡议是否仍有重大价值。

2015 年 6 月，国合会秘书长率领的一个小组在华盛顿召开的某个会议上探讨了美国几家主要智库的特点，包括世界资源研究所、美国环保协会和其他几家处于"供应方"的智库。同时，国合会还征求了"需求方"的看法，即美国政府官员和其他向这些智库寻求建议的人。40 人参与了这次会议。会议非常成功，它就如何积极发挥智库领导力提供了切实可行的建议。与会者强调了继续推进政策变革作为国合会动力的重要性。

在召开会议前，我们准备了一份关于国合会的简报，并分享给美国的几家参会机构 [1]。简报强调了国合会在最初的 20 年中获得的一些战略经验。例如，①持续强调关键主题，同时寻找新的方向；②坚信没有必要在国合会深度参与的所有议题上就政策转变居功自傲——如果所希望的转变实际上正在发生，应该继续寻找可以进一步改进的方法；③建立良好沟通和信任必不可少，必

1 国合会秘书处 . 国合会：独特智库简介 [R]. 2015: 24.

须贯穿所有工作；④避免成为一个猜测或试图影响直接谈判的谈判论坛；⑤从国外引进思想、技术等时，要充分考虑中国的特色和国情；⑥认识到一旦做出政策决定，相关的行动很可能会立即展开，而这将影响后续工作需要。这些工作经验深受好评，被视为一个成功智库开展业务的成熟度指标。这次会议也与第七次中美战略对话有关。

未来国合会将如何发展，取决于中国高层决策者。显然，目前国合会已被公认为对中国和国际社会都有价值的智库。国合会不断得到国内外财政支持，中国领导层承认并采纳国合会的建议，以及国合会吸引的合作人员和机构的素质都说明了这一点。

七、关于国合会未来的其他思考

国合会应该继续以中国未来的国内环境需求为主要焦点还是应该更多地关注中国和世界问题？它是否应该成为像其他一些国际环境与发展组织那样先进的智库？

当世界对在"地球边界"内生活、减少生态足迹、实现碳中和、保护生物多样性、为生态服务和生态系统恢复设定新目标等事项的认识不断变化时，国合会如何通过助推可持续发展和生态文明来提供帮助？

国合会这类组织是否应成为在世界各地促进综合生态环境规划和管理的新基地？

国合会如何改善与国内外私营部门和组织的关系？国合会在推动基于市场的解决方案、贸易安排等方面应发挥了什么样的作用？国合会除了制定新政策以满足中国、区域和全球对绿色金融的巨大需求，还有其他作用吗？

未来国合会应如何获取资金？它是否应该成为一个常设机

构？它是否继续保持五年一届？毫无疑问，一些主题在 2030—2035 年环境与发展进程中十分重要，如进一步避免生物多样性丧失、改变气候变化潜在影响、减少 / 消除贫困并全面实现联合国《2030 年可持续发展议程》设定的目标。

此刻，我们提出这些问题并不是要尝试给出具体建议，而是供大家思考。到目前为止，国合会之所以能够"与时俱进"，一定程度上是因为中国采取了积极可行的方法。然而，这还不够。国合会需要提供前瞻性的想法和建议。正如中国政府内部一些高级官员指出的："请不要告诉我们那些我们已经知道的事情！"因此，我们一定要继续把制度和管理的创新摆在首位。

八、国合会模式对其他国家的适用性

国合会从成立之初，在国际合作、独特性方面被寄予厚望。国合会的工作模式一直像一个实验过程，因为每届国合会都会对其工作方式和工作内容有新想法。一些最早的捐助方期待这类机构会对其他大国有所借鉴，尤其是印度和俄罗斯。人们早期也确实尝试过，但效果并不理想。

已故国合会前委员、印度能源和 TATA 资源研究所前所长拉津德·帕乔里（R K Pachauri）曾竭力在本国推广国合会模式。他基于在国合会所学，成立了印度可持续发展委员会。该机构有来自印度和其他国家的知名顾问，旨在向相关政府机构提供建议。2006 年 9 月，国合会召开会议分享中印经验。两国科研合作有以下两个目标：①熟悉两国环境与发展范例；②找出两国共同点、不同点和需要学习的经验教训。会议初衷是希望这样的经验可以与其他国家分享。2011 年，国合会和印度可持续发展委员会为此联合编写了一本书[1]。

事实上，对于其他许多国家来说，完全复制国合会成功经验并不容易。国合会成立时，中国国内外已有一些促进环境保护的前期活动，这也为国合会的成立夯实了基础。国合会是在1992年里约地球峰会之前诞生的。中国政府认识到应对经济快速增长对环境造成的影响的紧迫性。在管理发展基础方面，中国政府表现相对良好，但在环境保护方面缺乏很多经合组织国家自20世纪70年代以来习得的知识和经验。

事实证明，在国合会成立的第一个10年里，为国合会委员及工作组内成员建立牢固的工作关系是非常关键的。这些努力加上中国来自政界、科学界的关注，以及长期参与的国际捐助方和合作伙伴的支持（一般是五年合作承诺），都有助于国合会做出稳定的工作计划并取得积极成果，这也有助于每届国合会能够持续获得各方关注。

中国已经呈现出世界上最具挑战性的环境和发展状况。对于大部分国合会早期参与方而言，抓住机会实现变革令人振奋。这种实现变革的机会今天仍然存在，是一个重要的激励因素。当初人们讨论要做出的"跨越式"努力现在也开花结果，成为应对全球和国家环境危机卓有成效的伙伴关系。未来，中国可以更多地分享在环境与发展方面的成就，包括一些宏观愿景，如生态文明。

第六届国合会显然避开了任何足以导致其终结的"偏离轨道"的情况。有一种观点会时不时被提到，即国合会并不需要来自国际社会的帮助和建议。鉴于中国现有的丰富的经验和专业知识，这一观点从表面上看可能确实言之有理。然而，特别是在过去10年中，工作方法已发生了重大转变。现在，解决环境与发展问题更像是一个相互学习、解决复杂问题的过程。

---

1 参见《国合会关于中国和印度环境与发展会议及其全球影响》。

不同时期的中国高层领导人都认为国合会应该长期存在，因为当下国际社会在环境问题上的诸多承诺，往往延伸到 21 世纪中叶。在过去，就国合会应该主要关注中国国内的环境问题还是应同时关注中国和世界环境问题的争论不断。然而，人们现在普遍认识到，对于未来的国合会来说，切实致力于国际事务是非常重要的。

国合会的特殊性可能使其财政支持受到影响，特别是当中国收入越来越高，很多人质疑国合会是否应该继续接受捐助方提供的发展援助资金，一些捐助方也在考虑这些问题。总体来说，目前国合会资金流动仍保持稳定，中国似乎也能拿得出一小部分资金来支持国合会正常运转。能够得到多方支持是最好的，包括国际社会的支持。多元化资金可以保证国合会工作的独立性和质量，也有助于发掘杰出的人才和保持多元化视角。

包括实物捐助在内，中国为国合会提供了最多的资金。加拿大和挪威等一些国家也提供了极其重要的核心资金，这些都向其他国家释放了一个信号，即对这类价值主张所做的投资是切实可行的。如附录 1 所示，任何时候国合会都可能有十几个或更多个合作伙伴，每个合作伙伴的兴趣及适用的合作规则都各不相同。

国合会使用加拿大国际开发署、瑞典国际发展合作署、德国国际合作机构等发展基金的理由很简单：高质量的发展依赖良好的环境质量。虽然消除贫困对健康、教育和可持续性生计的投资至关重要，但生态系统的健康和城乡发展的质量（包括清洁的空气和水等）也能对人类生存质量和幸福产生巨大的影响。在未来，气候变化、生物多样性减少和其他此类威胁迫在眉睫，建设有韧性的、多产的生态系统和防范有毒物质是可持续发展目标的重点和中心。国合会的国际资金是由环境与气候变化部门提供（如目前加拿大及其他国家的模式），还是以支持特定项目的方式提供

中国环境与发展国际合作委员会 30 周年
——致力于中国环境与发展转型

（如亚洲开发银行支持长江流域相关工作），又或是由商业伙伴和儿童投资基金会等国际组织提供，这取决于国合会年度工作计划的目标。

九、绿色"一带一路"

中国的"一带一路"倡议被视为有史以来最宏大的基础设施项目之一。该倡议于 2013 年发起，是一项"跨大陆的长期政策和投资计划"，旨在"促进亚欧非大陆及其附近海洋的互联互通，实现多元化、自主、平衡和可持续发展……"[1] 目前已有 100 多个国家和国际组织参与其中。2017 年 5 月，习近平总书记在"一带一路"国际合作高峰论坛上提出"我们要践行绿色发展新理念"，共同实现联合国《2030 年可持续发展议程》设定的目标。随后，有关部门发布了《关于推进绿色"一带一路"建设的指导意见》[2]，旨在分享中国在生态文明和绿色发展方面的经验和做法，提高生态环境保护能力，防范生态环境风险，推动"一带一路"共建国家和地区共同实现联合国《2030 年可持续发展议程》设定的目标。

2018 年，国合会在生态环境部和其他各方现有工作的基础上，发起了一项关于绿色"一带一路"的专题政策研究[3]。研究小组在巴基斯坦、斯里兰卡和中国举行了咨询会议。在会议中，这两个伙伴国家分享了"一带一路"发展中国家伙伴方面的见解，提供了很大帮助。会议提出的主要建议包括：将"一带一路"倡议同联合国《2030 年可持续发展议程》有机结合；制定原则，

---

1 参见 http://www.beltroad-initiative.com.

2 参见 http://english.mee.gov.cn/Resources/Policies/policies/Frameworkp1/201706/t20170628_416864.shtml.

3 参见国合会 2019 年 5 月发布的《关于绿色"一带一路"和 2030 年可持续发展议程的特别政策研究》，http://www.cciced.net/cciceden/POLICY/rr/prr/2019/201908/P020190830114510806593.pdf.

确保新项目从初期起就是"绿色"的；中国应将东道国环境法规的执行情况纳入贷款条件；了解数字"一带一路"的作用；实施需求驱动和可持续项目；切实开展环境相关项目。

根据专题政策研究的初步工作和国合会年会讨论，2018 年国合会提交给国务院的报告中包含了关于绿色"一带一路"的多项建议，2019 年专题政策研究报告又进一步提出了如下建议。

"①积极参与全球环境治理与气候治理，将'一带一路'打造成全球生态文明和绿色命运共同体的重要载体；②建立'一带一路'倡议对接机制，从政策、规划、标准和技术方面促进对接并落地；③构建绿色'一带一路'源头预防机制，以绿色金融、生态环境影响评价等机制引导绿色投资；④构建'一带一路'项目管理机制，推动企业落实绿色发展实践；⑤通过民心相通加强绿色'一带一路'建设，强化工作人员交流与能力建设。"

国合会后续"一带一路"专题政策研究于 2019 年启动，旨在为未来实现绿色"一带一路"制定更详细的路线图。鉴于许多"一带一路"伙伴国家位于生物多样性丰富的地区，该研究相当重视生物多样性。以下节选的 2020 年 9 月报告[1] 中的专题政策研究建议足以说明。

"……中国还应推动将'一带一路'倡议与中国签署的其他生物多样性保护相关国际公约进行对接，包括《国际植物新品种保护公约》、《保护世界文化和自然遗产公约》、《濒危野生动植物种国际贸易公约》和《关于特别是作为水禽栖息地的国际重要湿地公约》，并发挥与《联合国气候变化框架公约》等气候相关公约的协同作用……"

---

1 参见 https://cciced.eco/wp-content/uploads/2020/09/ 专题政策研究 -4-1-Green-BRI-and-2020-Agenda-for-Sustainable-Development.pdf.

中国环境与发展国际合作委员会 30 周年
——致力于中国环境与发展转型

"……将生态保护红线作为对接'一带一路'倡议与可持续发展目标 15 的关键性工具。鉴于中国在生态保护红线政策上取得的积极成效，国际社会对此予以认可，认为其做法与国际上开展生物多样性保护常用的遵循'缓解措施层级'这一方式高度关联。"

"……针对战略环评确定的存在重大生物多样性风险的项目根据缓解措施层级采取措施。大多数主要国际金融机构要求遵循'缓解措施层级'以实现生物多样性'净零损失'或'净收益'的整体目标。借鉴国际经验，基于中国在生态保护红线、生态抵消、生态修复和生态补偿方面的经验，中国应制定一个标准化的生物多样性保护层级，包括'避免'、'缓解'、'修复'和'补偿'四个步骤。其中，'避免'是指从源头避免产生影响；'缓解'是指在无法避免影响时，在切实可行的范围内采取措施降低影响；'修复'是指产生影响后采取措施恢复／修复生态系统；'补偿'是指无法避免上述影响时，应采取相应补偿措施。采取的合作措施由评估中确定的风险等级决定。这种方法应包括'一带一路'共建国家和地区内的全部生态'红线'要求……"

近年来，国合会与"一带一路"绿色发展国际联盟[1]密切合作，分享经验。此外，国合会的一些关键建议已经被纳入政策。例如，2021 年 7 月 15 日，商务部、生态环境部联合印发了《对外投资合作绿色发展工作指引》。该文件对"一带一路"倡议非常重要。近日，"一带一路"绿色发展国际联盟以绿色低碳发展为主题，召开了关于海洋生态环境保护与航运可持续发展会议。该主题是 2021 年国合会年会建议的后续，来自国合会课题"可持续海洋利用专题政策研究"。

---

1 参见 https://green-bri.org/belt-and-road-initiative-green-coalition-brigc/.

十、南南合作

中国与发展中国家的特殊关系在全球、地区和双边领域都弥足珍贵。各国最近都开始关注环境问题。例如，中国在 2016 年设立与联合国可持续发展目标相关的 "中国气候变化南南合作基金"。亚洲基础设施投资银行、金砖国家新开发银行、国家开发银行也是对外开发投资资金的重要来源。2018 年，国家国际发展合作署成立，成为国务院对外援助工作的重要协调机构。可以肯定的是，中国在包括国际发展承诺在内的所有活动中，都将继续推进向绿色发展和生态文明方向转型。国合会课题关于生态文明与南南合作的建议见专栏 17。

专栏 17　国合会课题组关于生态文明与南南合作的建议

中国生态文明与南南合作优先领域的选择标准：①与实现 2030 可持续发展目标相契合；②适应发展中国家不同发展阶段，满足多元诉求；③提供生态与生计兼顾的系统性解决方案；④能够采用创新性技术与发展模式；⑤加强环境友好型和低碳基础设施投入。坚持使用这些标准将向伙伴国发出建设生态文明的强烈信号。

实现全球可持续发展目标，需要发达国家和发展中国家共同努力，充分考虑共同但有区别的责任，在继续推进南北合作的同时，积极推进南南合作，落实绿色 "一带一路" 等绿色发展重大倡议，积极推进同亚非及小岛屿国家的生态文明与南南合作，响应国家绿色发展需求，共同推动和协助落实 2030 可持续发展目标，增加中国对全球环境治理的贡献。

建立生态文明与南南合作协调机制

（1）成立部级机构国家国际发展合作署，统筹国际发展援助与南南合作。该机构负责将生态文明理念纳入所有决策和计划，包括宏观的目标设定和政策制定以及微观的机构和程序管理、监督与评估。

（2）制定全面的《中国对外援助绿色行动指南》，提供支持绿色发展的项目类型信息，评估中国对外援助项目的潜在环境影响，为缓解环境影响提供支持和指导。此外，《中国对外援助绿色行动指南》应认识到外援对实现2030可持续发展目标和应对气候变化的积极作用。

为生态文明与南南合作创造良好条件

（1）制定生态文明与南南合作的中长期战略。战略需充分考虑全球环境和发展的需求，以及发展中国家的需求，包括能够充分利用中国技术、科学和管理专长的优先领域和项目。战略应关注气候变化、生物多样性、荒漠化、景观恢复和造林，以及海洋领域，特别是中国周边发展中国家关心的课题。

（2）为南南合作建立广泛的多利益相关方参与体系。激励地方政府、非政府组织和企业，探索与其他捐助国、开发银行、国际非政府组织和跨国公司开展多边合作。

（3）加强机构和人员能力建设。提高南南合作工作人员的环境意识。加强基础研究，为政策制定和决策提供更好的理论和数据基础。选拔和培养具有国际视野、环境意识和专门知识的人员，承担南南合作相关工作。

（4）加强推广。系统阐述生态文明与可持续发展目标的关系，促进生态文明理念的国际化。加强南南合作信息和数据收集、项目前后分析和信息披露，建立官方信息发布系统和"政府—民间社会"对话平台。

加强资金支持

利用多种金融渠道获得资金支持，如政府援助资金与开发性金融机构、商业银行和私人资本。发挥政府援助资金的引导带动作用，鼓励更多商业资金投入。充分利用诸如亚洲基础设施投资银行、金砖国家新开发银行、全球环境基金与绿色气候基金等多边资金平台。

完善过程管理

（1）了解伙伴国家和相关利益方的需求，促进南南合作项目实施。积极了解伙伴国家的需求，扩大项目伙伴关系，将更多环保项目纳入南南合作项目库。

（2）巩固现有对外援助方式，进一步加强技术援助和知识分享。广泛推广中国在绿色农业、工业等领域的成功经验，推动新技术在生态文明与南南合作中的应用。

（3）充分重视对基础设施、能源、矿业、农业等领域大型项目的全过程评估，并把生态环境影响作为与经济效益、社会影响同等重要的评估指标，形成立项、监测、评估的循环互动机制。

十一、联合国和国合会的关系

从1972年的联合国人类环境会议到1992年的里约地球峰会，联合国在促进与中国相关的环境和发展方面发挥了重要作用。这对国合会从成立之初到如今诸多的研究课题产生了影响。在历届联合国大会上，中国历任国家主席都发表过一些与环境保护相关的重要讲话，特别是国家主席胡锦涛在 2009 年 9 月发表讲话承诺降低碳排放强度，以及习近平总书记在 2020 年 9 月发表讲话承诺"到 2060 年前实现碳中和"。2012 年"里约 +20"地球峰会期间，国务院总理温家宝在联合国与一些国家环境部部长举行国合会圆桌对话会。近年来，国合会一直积极宣传联合国世界环境日（6 月 5 日），2019 年，当中国杭州被选作环境日的全球主场时，国合会决定将其年会与世界环境日"背靠背"举行。联合国前秘书长潘基文出席了本次年会。

中国是环境和发展相关多边公约的缔约国。国合会能够区分为相关领域的政策提供的见解及实际协定谈判二者之间的差别。正如我们在本书中所强调的，两个最复杂的公约（《生物多样性公约》和《联合国气候变化框架公约》）是我们工作的核心。此外，对于诸如贸易和环境、资源核算新方法开发和其他指数、环境健康和可持续发展等方面的课题，有许多联合国机构，包括社会和经济部门，以及联合国亚洲及太平洋经济社会委员会等联合国区域组织。

尽管所有国合会委员都以个人名义参与工作，却很难忽视这样一个现实，即许多与联合国机构有联系的国合会委员、研究团队等都提供了非常有益的帮助。对于国合会来说，这要从联合国各机构的负责人开始说起。专栏 18 是部分现任和前任国合会委员的名单，他们同时也是联合国各机构的负责人。当然，在其他工作层面上，还有很多人参与其中。这些关系是相互支撑的，因为联合国各机构可以扩大其在中国的影响，并在中国发挥重要作用的全球和区域问题上发挥作用，如海洋和海事问题、绿色城镇化问题、基础设施问题和循环经济问题。

　　国合会成立之初，就与联合国各机构之间建立了良好关系。联合国各机构的一些前任或现任负责人曾是国合会委员。

　　这些委员包括联合国开发计划署署长詹姆斯·斯佩思（James Speth）先生和阿奇姆·施泰纳（Achim Steiner）先生，联合国环境规划署执行主任克劳斯·托普夫（Klaus Topfer）先生、阿奇姆·施泰纳先生、埃里克·索尔海姆（Erik Solheim）先生和英格·安德森（Inger andersen）女士，联合国工业发展组织总干事坎德·云盖拉（Kandeh Yumkella）先生和李勇先生。其他与联合国有关的重要机构的负责人包括世界银行前行长巴伯·科纳布尔（Barber Conable）先生，国际货币基金组织总裁、世界银行前首席执行官克里斯塔利娜·格奥尔基耶娃（Kristalina Georgieva）女士，全球环境基金前首席执行官莱昂纳德·古德（Leonard Good）先生和石井菜穗子（Naoko Ishii）女士，联合国和平大学校长马丁·里斯（Martin Lees）先生，朱莉亚·马顿·莱芙尔（Julia Marton-Lefèvre）女士，国际可再生能源署总干事弗朗西斯科·卡梅拉（Francesco La Camera）先生，英国常驻联合国代表克里斯平·提克尔（Crispin Tickell）爵士，政府间气候变化专门委员会主席帕乔里（R K Pachauri）先生，2002 年联合国可持续发展世界首脑会议筹备委员会主席埃米尔·萨利姆（Emil Salim）先生，联合国千年发展目标亚洲和太平洋地区特别大使厄纳·维图拉尔（Erna Witoelar）女士，联合国科学咨询委员会委员兼联合国第二十一次缔约方会议《巴黎协定》的缔造者之一劳伦斯·图比娅娜（Laurence Tubiana）女士。

未来，在国合会与联合国机构的伙伴关系中，实施生态文明是一个重大机遇。联合国环境规划署在 2013 年 2 月的联合国理事会会议上支持这一理念[1]，还在 2016 年发表了《绿水青山就是金山银山》报告（由国合会提供经费支持），阐述了中国为生态文明做出的努力。2021 年在昆明举行的《生物多样性公约》第十五次缔约方大会的主题是"生态文明：共建地球生命共同体"。重要的是要了解生态文明如何助力可持续发展，特别是助力实现联合国《2030 年可持续发展议程》设定的目标。

　　在中国，生态文明为综合规划和管理提供新方法，并与创新和新视角相结合，展示其价值。这也是加强绿色发展框架的一种方式。当联合国和世界各国正在寻找新的变革之路，以建立人与自然的和谐关系时，中国有机会做出改变，就像过去 20 年在减贫方面所做的那样。联合国环境规划署和联合国开发计划署等倡导的"绿色复苏"与"地球三大紧急情况"等课题也有望列入其中。

---

1 "国际社会称赞中国推进生态文明的举措和进展。2013 年 2 月，联合国环境规划署第 27 次理事会会议在促进中国生态文明方面通过了一项决定。"参见祝光耀. 生态文明 [J]. 我们的地球，2016: 26-29（联合国环境规划署杂志，题为《包容性绿色经济：建设通向可持续未来的桥梁》）。

第八章
国合会成员的观点与回忆

China Council for International Cooperation
on Environment and Development 30 Years
Committed to China's Environment and
Development Transformation

在理想情况下，从供给角度来说，国合会开展研究并提出政策建议；从需求角度来说，国合会关注政策落实并识别未来的需求。此外，其他利益相关方也发挥了各自的作用，尤其是捐助方、相关部门及国内外的特殊利益集团。因此，对于国合会的价值和整体作用，如前文所述，虽然我们始终期望听到一些能够帮助国合会不断改进和发展的建设性意见，但对于目前已经取得的成就，我们相当满意。

还有一些其他关切，如行政管理、协调需求，以及研究原则、时间有限等研究组织方面的问题。自新冠肺炎疫情暴发以来，人们始终担心线下会议受限，以及线上会议日程混乱等。但值得注意的是，面对新冠肺炎疫情，国合会仍能提出良好的建议并撰写高质量研究报告。

对 30 年来所有参与过国合会工作的人进行详细的意见调查和分析，是一项浩大的工程。的确，这项工作超出了本书撰写的预期，因此我们选择了另一种更温和的方法：收集熟悉国合会的人在现有出版物中发表过的见解，并对少数积极参与国合会工作的人进行了采访，邀请受访者回答一份简短的问卷（专栏 19），收集他们的意见。此外，我们还从公开的声明和演讲中收集了建议。比如，国合会前外方执行副主席、2006 年回顾与展望特别课题组联合主席胡格特·拉贝尔（Huguette Labelle）指出："国合会森林和草原课题组提供的早期的评估报告就是一个很好的例子。政府听取了建议，并采取了相应的行动。"

对国合会的各项工作进行更广泛、更严格的意见调查会很有帮助。也许未来在第七届国合会，我们可以开展此项活动以更好地改进工作。与时俱进对 2030—2035 年这一关键时期至关重要。

国合会早期发展以及持久的生命力

国合会在职责、运营、长期成功等方面有哪些独特之处？

帮助国合会获得持久生命力的早期关键举措是什么？有哪些投入？

为什么国合会能够长期吸引到高质量人才和研究人员？

问题

除了国合会已经开展工作的优先事项，您认为还需要关注哪些关键问题和方法？

在国合会成立的 30 年里，以每十年为一个阶段来看，中国最紧迫的环境和发展问题是什么？国合会的建议如何帮助中国成功解决这些问题？随着时间的推移，国合会能够在多大程度上借鉴自己之前的成功经验？

您认为今后工作的重中之重是什么？尤其是在未来五年（第七届国合会）间，甚至是到 2030 年。

政策转变的时间

国合会提交的建议要转变为可操作的政策并取得成果，通常需要多久？如果可以，请举例说明。

为了提高政策建议被采纳的效率，更及时地发现问题、提出运营策略及实施 / 完成工作，国合会采取了哪些措施？

国合会还有哪些需要改进的地方？如何才能更好地应对交叉性问题，包括疫后绿色复苏、构建绿色"一带一路"及其他伙伴关系、与联合国 2030 年可持续发展议程相关的重大问题，以及当前"三大环境紧急问题"（气候变化、生物多样性、污染）？

国合会对中国及世界的价值

如果政策建议在十年或更长时间内无法充分发挥影响，如何正确评估其价值？

与国合会的前几个发展阶段相比，高层领导现在可以从更多的渠道获得建议，为什么他们仍然对国合会很感兴趣？

在未来 5 年至 10 年内，国合会对中国和国际社会的价值会增加还是减少？如何才能实现国合会未来价值的最大化？

国务院原总理温家宝在与我们的一次会晤中谈到，鉴于环境和发展问题的复杂性及其对全世界人民的影响，国合会未来将存续下去。国合会是否真的会一直存在？

国合会未来（第七届及以后）的最佳角色定位、制度安排和资金来源分别是什么？

为什么只有中国能成功建立国合会这种机构并持续地采纳政策建议？其他国家也能从中受益吗？

国合会如何以有助于国际社会和全球绿色治理的方式妥善表达对绿色发展和生态文明的兴趣？

您的个人经历

您在国合会最难忘的经历是什么？最难忘的成就是什么？

您还有其他想补充的观点吗？若有，请简要陈述。

一、中国的高层领导

根据国合会活动中高层领导的评论，列出以下一些高层领导的看法。

国务院副总理兼国合会主席韩正在国合会 2019 年年会上的

讲话[1]："中国政府充分肯定国合会为促进中国可持续发展做出的巨大努力，支持国合会继续发挥重要作用。希望国合会各位委员、各位专家围绕中国生态环境保护和绿色低碳循环发展，提出更多具有前瞻性、可操作性的政策建议。"

在 2021 年 9 月召开的国合会年会上，韩正指出："希望各位委员、各位专家继续建言献策，为推动中国经济社会发展全面绿色转型、共建清洁美丽世界做出新的更大贡献。"

2010 年，国务院总理温家宝[2]在会见国合会委员时表示："国合会之所以能够持续运行下去，归功于双方的诚意和良好合作。多年来，国际专家和朋友们牺牲自己的空闲时间来研究中国的问题并提出建议，对中国有很大的帮助。往大了说，这也是你们对地球这一唯一家园的承诺。"

2011 年，国务院总理温家宝进一步指出："关于国合会将存续多久的问题，我可以告诉你们的是，国合会将一直存续下去，直到国际社会对中国在环境保护方面的努力感到满意。完成这个任务并不容易，需要几代人甚至几十代人的努力。"

2009 年，国务院副总理兼国合会主席李克强在国合会年会上表示："18 年来，国合会见证了中国在环境保护方面付出的努力……国合会提出的政策建议和研究成果有不少被中国政府采纳。"

在 2003 年 11 月举办的国合会年会上，国务院副总理兼国合会主席曾培炎对国合会做出了诸多指示[3]，当时正值"全面建设小康社会"与"走可持续的新型工业化道路"的重要时期。他提

---

1 参见 https://www.zj.gov.cn/art/2019/6/10/art156856534539783.html.
2 参见 http://www.cciced.net/cciceden/POLICY/rr/ir/201608/P020160803415551798447.pdf.
3 参见 http://www.cciced.net/cciceden/Events/AGM/2003nh/yjjb/201205/t20120515_90268.html、http://www.cciced.net/ccicedPhoneEN/Events/AGMeeting/2004_3988/meeting place_3989/201609/t20160922_89634.html 和 http://english.mee.gov.cn/Events/Special_Topics/AGM_1/Pub05AGM/leaderspeech05/201605/t20160524_344881.shtml.

出了三个要点：①要统筹兼顾，促进人与自然和谐发展；②要推进国际合作，保护全球环境；③要充分利用国合会的角色和作用。他还指出："过去 10 年多来，国合会完成了大量卓有成效的工作，为中国的可持续发展提供了强有力的支持。"同时，他也呼吁国合会进行内部改革，包括大力提高"会议的质量"及秘书处的能力；强化国合会的政策咨询作用，注意建议的简洁性和实用性；更加关注环保融资机制、国际贸易与环境、城镇化与环境等环境与发展一体化的关键问题。曾培炎还表示，"国合会吸引了一批优秀的中国和国际专家……他们具有卓越的研究能力……产出的报告对我们具有重要的现实意义"。

在国合会的会议上，高层领导常常和与会者这样坦诚交流，彼此充满了信任。这样的交流对国合会委员和专家有很大帮助，激励他们不断优化和明确需求方看重的事项。在国合会 2004 年的年会上，曾培炎表示，欢迎各位专家自由、坦率地发表意见。他还表示急需有关专家对中国新出现的问题提出建议。

二、国内外相关领导

2011 年，环境保护部部长周生贤[1]在国合会成立 20 周年主题论坛上指出，从世界环境与发展事业走过的历程看，其间有"两个波澜壮阔的 20 年"，1972 年至 1992 年是第一个 20 年，1992 年至 2012 年是第二个 20 年。2012 年恰逢联合国可持续发展大会（"里约 +20"地球峰会）召开。中国于 1973 年 8 月（斯德哥尔摩人类环境大会召开 1 年后）召开了第一次全国环境保护大会，此次会议确定了环境保护工作 32 字方针，正式拉开了中国环境

---

1 周生贤 . 同享成果，共赢未来——2011 年国合会成立 20 周年主题论坛上的总结演讲 [R/OL]. http://www.cciced.net/cciceden/Events/qthd/20zn/News/201205/P02016081037
5856773238.pdf.

保护工作的序幕。

国合会等相关机构诞生于第二个"波澜壮阔的20年"期间，"中国再次融入了国际环境与发展潮流"。周生贤表示："国合会形成了深受国内外广泛关注的独特品牌……国合会的直接对话机制历史长、层次高、影响大，始终保持旺盛活力，受到国内外的关注和好评……已成为中国和国际社会在环境与发展领域相互影响、相互借鉴的双向交流平台……以及国际合作的桥梁与纽带。"[1]

在20周年主题论坛的讲话中，周生贤介绍了国合会提出的一系列具有重大影响的政策建议，如建立生态补偿机制，制定国家生态保护和发展战略，鼓励清洁生产，制定促进循环经济发展的国家产业、金融、税收和货币政策，以及贸易与环境课题组建议"汽车工业应引进欧洲 II 至 IV 排放标准"。

多年来，在国合会年会上，与会者多次探讨国合会对中国和世界的价值，包括提出建设性的批评意见、鼓励未来做出更多努力、指出政策建议要更贴近实际以及确定新的研究课题等。国合会委员提出了创新路线和计划，建立了在困难问题上达成共识的能力，这给他们带来了满满的成就感。在各项工作中，研究团队成员、国合会委员和包括捐助方在内的其他人员相互配合。例如，在2018年国合会年会之前举行的国合会主席团会议上，两位国合会执行副主席发表了以下意见[2]。

时任生态环境部部长李干杰指出："2018年国合会的工作取得积极进展……从应对全球气候变化到加强海洋生态环境保护，从保护生物多样性到制定性别平等战略，国合会政策建议在全球环境治理中发挥了领军作用，各位主席团成员也为国合会各项工作的开展贡献了智慧和力量。期待在中外双方共同努力下，

---

1 参见 http://www.mee.gov.cn/gkml/sthjbgw/qt/201111/t20111118_220274.htm.
2 参见 http://english.mee.gov.cn/News_service/Photo/201811/t20181112673409.shtml.

国合会能更好地发挥'政策直通车'作用，为推动中国和全球生态文明建设做出更大贡献。"

时任加拿大环境与气候变化部部长的凯瑟琳·麦肯娜表示："国合会中外委员的工作充分体现了多元性、包容性、共享性，国合会应更加紧密结合中国发展经验，提升政策研究的战略性和前瞻性，扩大国际影响力，更好服务于全球可持续发展。"

长期以来，阿奇姆·施泰纳先生一直都是国合会委员和支持者。他曾担任联合国环境规划署执行主任，现任联合国开发计划署署长，这两个组织都与国合会保持着长期合作关系。对于国合会的研究结果和政策评估，施泰纳先生在国合会 2007 年年会上表示："在可持续发展理论与实践结合方面，中国已经走在前面，中国的经验能够为全世界更好地解释清楚在整个发展进程中，环境能够成为更好的发展驱动力。"

在国合会 2013 年年会上，施泰纳先生表示[1]："自担任国合会副主席以来，我见证了国合会发展成为世界专家研究新环境问题和对策的平台。中国为应对环境问题付出了不懈的努力，我很自豪能成为国合会委员……本次会议的召开正值中国绿色转型和生态文明建设的关键时刻。通过与李克强总理的会晤，我感受到中国想要在环境管理方面有所作为的强烈政治意愿。"

施泰纳先生还认为："联合国环境规划署与国合会签署了一份谅解备忘录，以加强和巩固在环境与发展领域的合作……本备忘录的主要合作范围包括分享国合会在绿色发展方面的经验、国合会政策研究绩效评估、联合国环境规划署的能力建设和技术支持等。"

洛克菲勒兄弟基金会总裁兼首席执行官、国合会委员斯蒂芬·汉兹（Stephen Heintz）先生在国合会 2021 年年会上表

---

1 参见联合国环境规划署发布的《中国新闻通讯》2013 年第 26 期。

示 [1]："中国的领导人致力于建设生态文明，从出席本年会的多个国际领导和国际组织来看，中国显然是有可靠的盟友。我认为国合会是全球信任建设、全球合作和有效伙伴关系的典范……这个模式将帮助中国实现其碳达峰和碳中和的目标。中国的领导人正在帮助国际社会走向净零排放的未来。"

也是在这次会议上，挪威前财政和教育大臣、挪威奥斯陆国际气候与环境研究中心主任、国合会副主席克里斯汀·哈尔沃森（Kristin Halvorsen）女士表示，与 1985 年她首次访问中国时相比，中国发生了翻天覆地的变化。她还说道："我对过去几十年中国所取得的成就印象深刻，尤其是中国人民与贫困的斗争。你们面临了一系列挑战，包括气候变化、生物多样性丧失以及向可持续经济转型等。国合会能够充分调动专业知识应对这些挑战，这给我留下了深刻印象……我也对专家们解决问题的能力表示欣赏。"

三、中国工程院院士、国合会原中方首席顾问沈国舫的建议

国合会有幸请到拥有丰富经验和智慧的人担任中方首席顾问。国合会的三位首席顾问（最初被称为首席专家）不仅大大提高了国合会科学和政策倡议的质量和相关性，还为许多其他工作提供咨询服务。第一位被任命为中方首席顾问的是中国科学院原副院长孙鸿烈院士，他也是中国生态和地理界最著名的专家之一；第二位是中国工程院沈国舫院士，2005—2016 年任首席顾问，除此之外，他还是一名林业科学家、大学校长，曾任中国工程院副院长；第三位是刘世锦先生，自 2017 年起担任首席顾问，他是一位在经济改革方面有着丰富经验的经济学家，也是中国发

---

1 参见 https://www.chinadaily.com.cn/a/202109/11/WS613be9d0a310efa1bd66ec1d.html.

展研究基金会副理事长、国务院发展研究中心原副主任。我们邀请沈国舫院士发表一些看法（专栏20），他曾长期任职于国合会（本章开始时提到胡格特·拉贝尔曾高度评价沈国舫领导国合会森林和草原课题组时所做的贡献）。

专栏 20　国合会原中方首席顾问沈国舫院士（2004—2017 年）对国合会的看法

国合会是环境与发展领域一个非常有特色的国际平台。它的特色有哪些？首先，我认为这个平台很大。这个"大"表现为中国作为主要对象国的体量大，又处于迅速发展阶段。在中国几乎可以遇到环境与发展领域的各种问题，而且参与合作的国家和国际组织也很广泛，能够反映各方面的观点和经验。其次，这个平台很有效，它所提供的政策建议有针对性、实效性。这得益于主观和客观两个方面。从主观方面来看，中国政府对于能促进中国环境与发展领域改善的建议有真实的需求，也有谦虚听取各种不同意见的雅量，还有把合理建议转化为科学行动的能力；从客观方面来看，国合会有能力组织中、外各方一流专家研究与探讨问题，在理念上和技术上都能站在前沿阵地。最后，这个平台建立在友好合作精神的基础上，参与国合会工作的各方人士都有改善生态环境、促进社会发展的良好愿望。他们都成功地避开了可能存在的政治观点上的分歧，为了世界环境与发展整体利益而协作共事，在国际合作事业中树立了一个良好的典范。

国合会 30 年来，为中国的环境与发展事业做出了卓越的贡献。如何评价国合会的贡献？可以列出中国自改革开放以来在环境与发展领域的成就，同时列出这些年来国合会的合作研究和政策建议的成果，两者一比较就清楚了。1992年国合会创建时，中国还处于改革开放的初期，当时无论是政府、专家群体，还是人民群众，对环境与发展领域的许多问题的认识都是比较肤浅的，甚至是片面的。这30年来，中国在这个领域得到了长足的进步和提升，甚至在某些方面（如生态保护和修复、可再生能源发展、水和大气环境治理等）已经站在了世界的前列。在这个提升的过程中，国合会的作用功不可没。我们看这个问题，不仅要看到单项的具体的事实，如环保机构的建设和发展，某项环保政策的提出和执行，更要看到国合会的工作通过学术界和舆论界促进了环境和发展理念的形成和提升。国合会的工作与我国本土专家群体的努力有时是彼此促进、共生共推的，这对我国一些大方针、大政策的形成起到了潜移默化的作用。可以说，中国从吸收和提倡国际上的可持续发展理念，到提出"资源节约型、环境友好型社会"和科学发展观，再到更加全面突出的生态文明建设思想，都能看到国合会工作的影响，同时，反过来又可以看到中国的先进理念对国际上的环境和发展理念产生了积极的影响。

如今，经过30年的发展，国合会已经成为一个环境和发展领域国际知名的平台，而中国也已经成长为一个环境与发展领域有经验也有能力的大国。国合会还要办下去，它的集国际合作研究和政策建议于一身的作风还要发扬下去，但它面向的对象可能要再扩展大一些，研究问题的前瞻性可能还要再强一些。它可以与发达国家合作，研究一些共同的、新生的环境和发展问题，也可以面向众多的新兴经济体和发展中国家，特别是"一带一路"共建国家，研究它们面临的环境和发展问题并给出建议。中国可以充当世界智囊的一部分，既是知识的输入国，也是知识的输出国。这样做并不容易，但可以一试，逐步开展。我相信国合会还是可以大有作为的。

沈国舫（中国工程院院士，中国工程院原副院长）

四、长期参与国合会工作的人对国合会的看法

应我们的要求，几位专家发表了他们对国合会的看法（专栏21和专栏22）。他们每个人都在国合会工作了10年以上，且大多是身兼数职。我们期待有更多这样的人来发表看法，尤其希望了解国合会对他们学习新技能和新方法的影响。正如薛澜所说，国合会应该了解年轻学者对国合会的看法，这样才能知道如何吸引他们参与国合会的工作，以及如何吸引他们参与到与当地需求相关的政策创新中去。几位专家都认为，国合会还有许多潜力未被开发，未来应继续为国家服务。此外，他们还强调，创新是一个不容忽视的关键因素。

专栏21　国合会同事的看法

任勇："绿色转型"

从我进入环境保护行业开始，就与国合会有了不解之缘，积淀了深厚的感情。从某种程度上说，国合会成就了我的专业成长，同时，我也为国合会的发展做出了自己的努力。

我的国合会经历有 4 个阶段：第一阶段是从 1994 年开始作为技术支持专家参加资源核算与定价政策（Resources Accounting and Pricing Policies）课题组研究；第二阶段是作为课题组协调员或课题组成员，组织协调和参加生态补偿政策、市场机制与经济政策、循环经济政策等研究；第三阶段是从 2007 年开始，作为中方首席顾问专家支持组组长、助理秘书长，负责提出国合会年度主题和课题研究设置建议、起草国合会年度政策建议、协调课题组研究质量等事宜；第四阶段是从 2018 年开始，作为中方组长，负责绿色转型与可持续社会治理专题研究。

国合会这一重要平台让我印象深刻，受益匪浅，终生难忘。例如，国合会委员的智慧、敬业和真诚，国合会领导的谦虚、开放和领导力；国合会原中方首席顾问沈国舫院士、原外方首席顾问亚瑟·汉森博士对我的信任和指导让我一直记忆犹新；2007 年，国合会秘书处处长郭敬先生非常支持我提出的战略转型的判断，此后他担任生态环境部国际合作司司长，仍一直支持和鼓励这方面的研究工作；这里还要特别强调的是，中央财经委员会办公室分管日常工作的副主任、国合会委员、可持续生产与消费课题组组长韩文秀先生对绿色转型与可持续社会治理专题研究工作的高度重视和大力指导是专题研究成果成为中国政府相关决策的重要参考的前提。

判断国合会未来（15 年左右）的总依据有两个：

第一，中国进入社会主义现代化建设的新阶段，新阶段的发展主题是实现高质量发展。高质量发展的普遍形态是绿色发展，绿色发展的标志是 2035 年生态环境质量根本好转，广泛形成绿色生产生活方式。

从这个角度看，未来国合会的作用或者说研究方式是，继续发挥"引进来"作用，为促进中国实现深度绿色转型提供咨询意见；同时，要强化讲好中国绿色转型故事——"走出去"的作用，与其他国家分享中国绿色转型的理念和做法，为国际可持续发展提供中国方案。

第二，当前世界正面临百年未有之大变局，国际环境与发展进程的治理结构和规则同样在发生重大调整。在这一大变局和大调整中，中国的作用和地位在发生着深刻的变化。第五届国合会曾就中国在国际环境和发展领域的领导力做出过尝试性的讨论，未来到了国合会可以明确讨论这一问题的时候了。

总之，国合会未来15年依然大有作为，中国和世界都需要国合会发挥更大更好作用，其总体定位可以概况为，坚持中国与世界绿色转型主题，"引进来"与"走出去"并举，帮助中国实现自身的深度绿色转型并在国际环境和发展领域发挥引领作用。

任勇（生态环境部固体废物与化学品司司长，国合会原助理秘书长、首席顾问支持专家组组长、专题研究中方组长）

王毅："共同成长"

1992年，作为一名年轻的科研人员，我成为国合会科学研究和技术开发及培训课题组的成员，该课题组后来被分为可持续农业和清洁生产两个小组。随后我又加入了其他课题组，包括首席专家团队，也就是后来的首席顾问支持团队。在国合会进入第五届后，我加入了两个研究团队。可以说我一直在和国合会共同成长，尤其是在吸收国际和国内环境与发展专家的成果方面。我在国合会结识了许多专家，他们对我在中科院从事的可持续发展工作有很大的帮助。加入国合会的经历给我提供了从不同角度看问题的机会，让我能了解到政府机构（如生态环境部）之外的想法。作为第十三届全国人大常委会委员，这一点对我尤其有价值。

在这 30 年里，我和国合会都成长了许多，对当今社会的价值也更大了。例如，中国和国际元素交织使国合会走在了环境和发展问题的前沿，这极大地促进了中国科学家的成长，我敢说，这也有利于国际专家和组织的成长。参加国合会年会及"幕后"活动绝对是意义非凡，这与在联合国或其他机构搭建的更严格平台上参与国际谈判不同。国合会也是连接国家领导人的"直通车"，影响十分广泛。正是由于其开放的机制和具有前瞻性的研究主题，国合会才能持续吸引到众多优秀的国内和国际专家。

未来，国合会将在环境和发展方面发挥更大的作用，甚至可能对新冠肺炎疫情和其他新兴的全球社会生态问题产生深远影响。此外，国合会将更加重视研究欧洲和北美等地区以及东南亚地区发展中国家的问题。我们需要不断探索环境和发展领域的机遇，让国合会在解决环境与发展问题方面发挥最佳作用。希望在未来我们能继续"共同成长"！

王毅（第十三届全国人大常委会委员、中国科学院科技战略咨询研究院副院长）

苏纪兰："海洋可持续发展"

首先，我是一名海洋学家，有幸在中国从事我感兴趣的研究工作，并为全球海洋研究和管理做出贡献。我与加拿大渔业和海洋部前副部长彼得·哈瑞森（Peter Harrison）共同组建了中国海洋和海岸可持续利用课题组（2009—2010 年），在那时我加入了国合会。在此之前，国合会没有开展过任何海洋相关的研究。

在这项工作完成之后，我成为国合会委员。2017—2021年，我与挪威的温特先生共同开展了主题为"全球海洋治理和生态文明：为中国建立可持续的海洋经济"共六个部分的研究。目前，该专题政策报告已完成。然而，在海洋和海岸线问题上，我们还有很多工作要做。除了制定与河流和海洋有关的政策，我们还应出台与海洋、气候变化、低碳经济和循环经济相关的政策。有人可能会说，国合会成功的关键在于找到合适的研究课题。国合会花了很长时间才找到与海洋有关的研究课题，现在人们对海洋的关注度很高，因此我们的建议得到了广泛的运用。值得注意的是，我们正在出台进一步的政策，包括禁止破坏沿海湿地、减少和禁止国内渔船队捕鱼、减少河流进入海洋的塑料废弃物，以及在中国沿海和近海地区划定生态红线。

其他人可能会从中吸取到一些宝贵的经验。国合会的一大优势是其政策建议可以直接提交给中央政府高层，这是许多其他机构很难做到的一点。它的另一个优势是能够以开放的心态划定工作和建议的范围，进而从根本上解决问题。它可以从多个角度评估问题，吸纳不同利益相关者的观点，这有利于解决一系列的复杂问题，如海洋污染的陆地来源，以及生态文明海洋组成部分的激励系统。

目前为止，国合会还没有强调如何将其海洋研究政策成果纳入公共领域。我们知道公众很关心海洋的作用以及如何保护海洋的环境质量，那么公众应该如何参与到改善海洋可持续性的行动中呢？我们应该使用生动的语言和图像向公众传达信息，让他们更好地了解海洋及其生态环境是如何影响全世界人民的。这是当务之急，因为海洋环境已经处于危险状态，急需恢复性和预防性行动。除了解决中国国内海洋可持续性问题，下一步我们还会和对海洋事务感兴趣的"一带一路"合作伙伴进行合作。

苏纪兰（中国科学院院士、自然资源部第二海洋研究所名誉所长）

廖秀冬专访

2008—2018年，我有幸成为国合会委员。在这一时期，中国打开了信息和通信、技术创新、资金供应和能源的大门。国合会成立的30年，与世界可持续发展的演变是同步的。全球化消除了许多障碍，为那些对更美好未来有远见的人创造了机会。中国也经历了成长的阵痛，但对其可持续发展的承诺毋庸置疑。国合会名称中含有"环境与发展"绝非偶然。我向它致敬！国合会取得史无前例的成功，我认为有以下五个重要原因。

1. 在国合会委员、研究人员和政策制定者之间建立信任

为国合会政策课题进行研究，就像我与我的香港大学同事所从事的工作一样。课题研究人员包含中国政府官员（如生态环境部、国家发展改革委工作人员）、高校教师、科研单位研究人员、海外智库工作人员和国合会委员。能够与这些研究人员共事，获得如此多的信息和不同的分析能力，是一次非常令人满意和鼓舞的经历。其中一些还是年青一代的研究人员。所有人都希望中国的环境得到保护，人民享受更好的生活。最终，我们希望看到中国的可持续发展成为符合国家和全世界最佳利益的长期资产。这种想法有助于在团队

工作和建议中建立共识。我记得国合会年会上有很多演讲，并且总有经验丰富的专家知道如何在适当时机提出关键问题。

2. 国合会的价值

看看国合会的领导层，就知道为什么它的工作如此高效。国合会由国务院副总理担任主席。我们可以放心，国合会的成果是经过科学测试的，否则国家领导人不会考虑国合会提交的提案和建议。任命一位级别非常高的重量级人物担任国合会负责人，这清楚地表明了国合会的价值。

3. 加强体制和能力建设

可以毫不夸张地说，行业、机构或政府的领导中，多数仍不会优先考虑环境需求或将其视为附属品，但国合会在其建议中明确给予环境同等的优先地位。中国政府需要结构和制度上的转变，需要更多训练有素的人来做实际工作，这对中国和全球都有显而易见的好处。国合会在提议取消繁文缛节的同时，仍在保持可持续发展势头方面堪称典范。

4. 实话实说：没有什么比真相更好的了

国合会的要求和标准非常明确。它直言不讳地表示，希望所有建议都基于事实，并得到真实数据和测试的支持。只有这样，讨论才会朝着改善环境和／或经济状况的方向发展。

5. 展望未来

任何时候总会有困难需要解决，挑战在于在它变得根深蒂固之前抓住并改善它。我渴望看到国合会成果转换为实际政策，并期待看到新一届国合会可以为与中国有合作关系的国家（如"一带一路"沿线国家）提供成功案例。祝国合会未来 30 年一切顺利！

廖秀冬（第四、第五届国合会委员，香港大学校长可持

续发展资深顾问，北京奥运会和上海世博会环境顾问，香港特区政府原环境运输及工务局局长）

薛澜："治理和创新"

我与德国和美国的专家们一起参与了多个国合会项目，其中一个是2004—2005年与中国环境治理有关的项目。不久之后，2006—2007年，我加入了创新和环境友好型社会课题组。2016—2017年，我与人合作发表的一份环境治理专题政策报告，主要研究了中国绿色转型治理的需求。在这段时间内，中国的环境治理体系有了很大改善，我相信国合会在其中发挥了重要作用。

环境治理并不仅仅是一个简单的环境问题。实际上，它关系着生产方式的转变，以及由此带来的全社会共享的生活方式的转变。以我和美国国家环境保护局前局长、苹果公司环境、政策和社会事务副总裁丽莎·杰克逊（Lisa Jackson）共同撰写的那份发表于2016—2017年的专题政策报告为例，在制定中国环境治理的具体措施时，我们咨询了原环境保护部陈吉宁部长，他提到要培养年青一代投身环保事业，还建议不仅要提高环保行业从业人员的环保意识，还要提高其他行业从业人员的环保意识，以便他们了解环境保护，促进未来的可持续发展。

随后，我们提出了成立"中国绿色创新夏季学院"的方案。这是清华大学与苹果公司合作发起的项目，到目前为止的五年间，已经培养了数百名年轻人。他们在清华大学学习完绿色转型和可持续发展的基础知识后，前往基层进行实地调查，寻找合适的项目并提交解决方案。我们对这些解决方案进行评估，并且在其中发现了许多很好的项目。有些项目已经在当地得以应用，有些项目即将为中国甚至国际社会提供相关的政策建议。我们有一个关于海洋垃圾的项目，已经引起了中央财经委员会办公室的关注。此外，还有一些项目已成功获得专利。我在国合会多次提到要关心和培养年轻人，因为年轻人是中国未来绿色转型发展的中坚力量，我们播下种子，他们就会长成参天大树。

我还想谈一谈为什么我相信国合会能够取得长期成功。第一，国合会将改革与开放很好地结合在一起，不仅是一个与国际机制相结合的平台，还高度关注国内环境和可持续发展问题。第二，国合会是产学研结合的典范。第三，国合会是一个新型的智库，一个动态的机构，能够根据不断变化的政策需求快速调整自身关注的重点，并致力于开展坚实深入的研究。国合会的研究成果可以直接提交给高层领导，同时会广泛、公开地分享给所有相关方。

未来五年至十年，国合会对中国和国际社会的价值将不断提高。过去几年，国际环境变化给中国带来了巨大挑战。但是，在气候变化与可持续发展之间的关系问题上，中国和西方国家在许多方面有着共同的价值观。与以往任何时候相比，国合会的重要性都应该得到加强。我们要利用好国合会，并让它发挥更大的作用。同时，我认为国合会未来应该关注更灵活的项目，将稳定、长期的项目与灵活的项目结合起来，以提供更完整的研究方案。此外，我们需要科学分析，用定量的方法确定环境标准。我们还应该把工作聚焦在具体的问题上，如环境污染对人类健康的影响，这需要在实践上下功夫。

薛澜（清华大学苏世民书院院长、清华大学全球可持续发展研究院联席院长、清华大学公共管理学院教授）

李琳专访

我在国合会的经验可以追溯到十五年以前。我们都有一个共识，国合会是推动中国可持续发展的一个独特而有影响力的机构，我相信未来对世界也是如此。下面，我将提供一些答案和对未来的建议。

中国政府为什么在30年后仍继续向国合会寻求建议？答案有很多，其中有三个代表了我的观点。

1.中国自上而下管理体制的特色使得国合会可以在集中决策层面提供政策建议，有效地在中国体制下发挥作用并且允许做出改变。

2.中国强烈希望学习世界各地的各种经验。国合会是一个汇集中外方在环境与发展领域智慧的平台，能够制定符合中国国情和需求的建议，并借鉴其他成功经验。这打开了中国"跨越式发展"的大门。

3.中国执行力强，能够化挑战为机遇。国合会已经做好了充分的准备，将环境与发展联系起来，提供有助于制定必要的政策框架的见解，并确保它们得到有效的贯彻。这不仅适用于污染防治，也适用于碳达峰和碳中和。

为什么国合会可以成功吸引优秀的国际专家和组织参与政策研究工作，并让其成为国合会委员？一个原因是，早期我们在环境问题上参与较少，后来，随着问题变得越来越复杂，各种各样的问题暴露出来，政府也表现出了解决这些问题的决心，参与国合会的工作成为中国和国际参与者的骄傲。因为国合会的工作可以为他们的专业发展增加成就，并且承认他们的贡献正在以有意义的方式应用于环境和发展。对于一个专业的环保主义者来说，没有什么比他/她的意见和建议在中国这个世界舞台上崛起的国家得到重视并付诸实施更值得骄傲的了。

为什么国合会的机制持续运行良好？国合会关注了有关国家和全球环境趋势的前沿和热门问题，随着时间的推移，有些问题已经成熟并且发生了变化。国合会通过各种方式，紧跟政策需求，适应了变化。

1. 国合会可以相对快速地提供基于研究的政策建议。如低碳概念最早是 2003 年在英国提出的，2006—2009 年国合会积极讨论了这个问题。2010 年，就看到中国出现了"五省八市"的低碳省（区）、低碳城市试点提出。

2. 国内外思想可以通过研究团队的内部讨论得到充分交流。在国合会年会上，进一步完善为符合中国国情的先进理念和实施方案，并形成最终建议提交给国务院。

3. 特别是近年来，国合会在宣传其政策建议方面做得很好，如通过圆桌会议和年会等公开会议进行宣传，以及开发了一个创新的双语网站。国合会的建议和报告不仅上报给国务院，还会分享给国内外的一系列决策者，包括地方政府、企业和民间社会组织的负责人。

国合会的未来发展如何？长期以来，国合会一直在以各种方式引进有益于中国环境和发展政策的国际思想，现在是它转变为双向平台的时候了。国合会应该考虑如何讲好可持续发展的中国故事，并将成功的国内经验输出到国外，特别是输出到对此感兴趣的发展中国家。

李琳［世界自然基金会（国际）政策研究和倡导总监］

专栏 22 外方委员在年会上关于国合会的发言

索尔海姆（第六届国合会副主席、世界资源研究所高级顾问）

国合会成立 30 年来，整个世界实现了两个巨大转变。

第一个转变是中国已经赢得了也许是人类历史上最伟大的战斗，至少可以肯定是其中的一场战斗，即让每个中国人摆脱贫困，过上体面生活。这也使中国和国合会从国际金融、国际技术和最佳做法的接受者转变为投资技术和最佳做法的输出者。这也体现了"一带一路"的重要性，因为它是中国的绿色理念、金融和技术向世界开放的载体。

第二大转变是思维模式转变。20 世纪，经济发展模式是"先污染，后治理"，这意味着赢或输。经济学家说，我们需要优先考虑发展。环保主义者说，不，地球母亲更重要，我们需要优先考虑绿色解决方案。大家认为经济学家赢得了辩论，因为对大多数人来说，发展是他们一直以来最坚定的愿望。但那是 20 世纪的事，21 世纪关注"双赢"。所有的政策，如绿色旅游、绿色农业，从煤炭到可再生能源转型等，都是既有利于环境，也有利于发展。这些政策是为了"双赢"，甚至是"三赢"，一项政策可以既对经济有利，又对人民的生活和健康有利，也对地球母亲有利。这就是我们目前在世界主要地区看到的情况。

最后，国合会是一个关于合作的平台，我相信也许最重要的关键词就是"在一起"，私营部门、政府部门以及民间社会在一起。但更重要的是，世界上所有主要地区，中国、美国、欧洲、印度、非洲、拉丁美洲在一起，我们可以实现一切。那些想分裂我们的人会让世界变得更穷，贸易会减少，技术和环境会受到影响。让我们拥抱合作的力量，一起创造绿色的全球文明，共享全球繁荣。

汉兹（洛克菲勒兄弟基金会总裁兼首席执行官）

回顾历史，可以看到国合会取得了大量重要成就。在课题组中，全球各界领袖、科学家以及政策制定者等通过共同开展生态文明、可持续生产、绿色能源等领域研究，一起解决中国和世界上最大的环境挑战。

除了提供一些具体的政策建议，国合会也为政府、企业、社会组织等利益相关方坦率交流中国环境与社会发展面临的挑战，为建立有韧性的伙伴关系、形成有意义的务实产出提供了一个安全空间。比如大学之间的合作、政府和非政府组织之间的信息分享，以及气候、环境等方面的技术和政策的交流，都是一些非常重要的例子，展示了世界能够在未来开展真正的合作，能够为地球创造一个好的未来。只有通过这些合作与互动，各方才能够加深相互之间的理解，更好地了解对方面临怎样的挑战、做出什么样的选择、采取什么样的行动。

在过去多年中，通过国合会开展的活动，大家进一步建立了信任。信任对于国合会而言可能是最重要的成果。中国宣布"双碳"目标（也就是 2030 年前实现碳达峰以及 2060 年前实现碳中和）之后，已经到了一个非常重要的时间节点，也向全球展示了领导力。从广东到河北，整个中国都在加强学习，共同努力制定路线图以及相应的政策，为实现目标奠定坚实的基础。中国领导人已经承诺建设生态文明，很明显，中国在各个领域的国际领袖和组织中都有非常可靠的伙伴，

中国环境与发展国际合作委员会 30 周年
——致力于中国环境与发展转型

今天他们也都出席了年会。

我相信国合会可以被视作一个全球建立信任和合作的模式，也是中美之间建立有效的合作伙伴关系的体现。这样一个模式将帮助中国更好地实现"双碳"目标，引导国际社会朝着净零未来发展。也许，这样一个模式也能够帮助我们进一步拓展中美两国之间未来的合作领域。

本章到此结束，但是我们知道，还有很多提供政策分析，以及将建议和想法转化为新政策、新规划的人士都有其真知灼见，此处未能穷举。

第九章

结论："推进生态文明建设和可持续发展"

China Council for International Cooperation on Environment and Development 30 Years Committed to China's Environment and Development Transformation

为成功实现绿色转型而进行的长期斗争还有很长的路要走。经过 30 年的不懈努力，国合会在塑造中国的环境和发展关系方面做出了持续贡献，我们预期未来至少还要付出 15 年的艰辛努力。2021 年 2 月 22 日，在"十四五"规划公布之前，国务院发布了一份指导意见（专栏 23），列出了到 2035 年建设新经济的"绿色、低碳和循环发展"的主要内容。这份文件代表了生态文明的基础。在过去几十年中，国合会针对各个方面均提供了相关建议。在某些案例中，我们已经提前放出了国务院要释放的信号。在其他情况下，国合会已经能够就政策转变给中国政府提供其他建议。

专栏 23　国务院呼吁绿色、低碳和循环发展

国务院于 2021 年 2 月 22 日发布《国务院关于加快建立健全绿色低碳循环发展经济体系的指导意见》（国发〔2021〕4 号），要求着力构建以绿色、低碳、循环发展为特征的经济体系，推动经济社会全面绿色转型。

到 2025 年，产业结构、能源结构、运输结构明显优化，绿色产业比重显著提升，基础设施绿色化水平不断提高，清洁生产水平持续提高，生产生活方式绿色转型成效显著，能源资源配置更加合理、利用效率大幅提高，主要污染物排放总量持续减少，碳排放强度明显降低，生态环境持续改善，市场导向的绿色技术创新体系更加完善，法律法规政策体系更加有效，绿色低碳循环发展的生产体系、流通体系、消费体系初步形成。

到 2035 年，绿色发展内生动力显著增强，绿色产业规模

迈上新台阶，重点行业、重点产品能源资源利用效率达到国际先进水平，广泛形成绿色生产生活方式，碳排放达峰后稳中有降，生态环境根本好转，美丽中国建设目标基本实现。

在建设绿色制造体系方面，该意见在工业、农业、服务业、环境保护、工业园区、集群和供应链等诸多领域设定了目标。

例如，意见指出，应在钢铁、石化、化工、有色金属、建材、纺织、造纸、皮革等行业进行绿色改革，并应全力发展再制造产业和清洁生产。同时，应努力发展生态循环农业，加强耕地保护，促进农业节水。

意见要求努力发展绿色物流，鼓励可再生资源再利用，建立绿色交易体系，促进绿色产品消费，倡导低碳生活。

例如，应推广使用新能源或清洁能源的绿色低碳汽车。鼓励物流企业建立数字化运营平台，发展智能仓储和运输。应加快建设废纸、塑料、轮胎、金属和玻璃等可再生资源的回收体系。要在全国范围内倡导绿色低碳的生活方式，厉行节俭，减少食品浪费。生活垃圾分类将得到进一步落实。交通系统将更加智能化，引导更多的人绿色出行。

中国的能源系统也要加大绿色低碳改造的力度。应努力提高可再生资源的利用率，发展风力发电和光伏发电。同时，农村电网应进行升级改造，并加快天然气基础设施的建设和互联互通。

意见指出，改善城乡人居环境。开展绿色社区创建行动，大力发展绿色建筑，建立绿色建筑统一标识制度，结合城镇老旧小区改造推动社区基础设施绿色化和既有建筑节能改造。建立乡村建设评价体系，促进补齐乡村建设短板。加快推进农村人居环境整治，因地制宜推进农村改厕、生活垃圾处理和污水治理、村容村貌提升、乡村绿化美化等。继续做好农村清洁供暖改造、老旧危房改造，打造干净整洁有序美丽的村庄环境。

意见还呼吁，鼓励绿色低碳技术研发，加速科技成果转化。

财政资金和国家预算投资应用于支持环境基础设施、环保产业、能源高效利用和资源回收。同时，应发展绿色融资，包括贷款、直接融资和保险。

意见还提到，中国将加强在节能和绿色能源等领域的国际合作。达成这一合作需要在政策技术、绿色项目和人才培训方面加强国际交流。

中国将积极参与和引领全球气候治理，提高推动绿色、低碳、循环发展的能力，为构建人类命运共同体做出贡献……

（资料来源：http://english.www.gov.cn/policies/latestreleases/202102/22/content_WS6033af98c6d0719374af946b.html.）

中国得出的一个重要结论是，需要加强国际合作，构建"命运共同体"。我们知道，这不仅是为了人类，而且是为了确保所有生命体都能在地球上健康的生态系统中生存。这是一场践行生态文明和可持续发展理念的更宏大的战役，至少将延续至 21 世纪中叶。气候变化和保护土地、淡水和海洋生物多样性等曾经看似非常遥远的议题，现在却成为摆在全球、国家和地方面前的切实危机。国合会应该放眼长远，并与那些愿意接受挑战，转危为安的人携手合作。如果不对世界各地的生活方式、经验分享和集体行动给予充分关注，就无法实现必要的变革。在这些重大变革中，中国能够成为一股中坚力量。

在编写本书时，我们对中国和国际方面先驱者的决心深表钦佩。我们列出了一部分人，但受限于篇幅，大多数人并未列入其中。如果没有 20 世纪 70 年代至 90 年代所做的基础工作，国合会是否就能像前两届那样迅速发展壮大？这是值得商榷的。我们也希望能够增加更多关于工作会议、中国境内外实地考察的内容，当然还有与高级领导人的讨论。这些讨论始终是吸引国际人士的磁石，也是一些捐助方的重要关切。我们相信双向学习的过程仍在继续。国合会的最初目标之一是让国际参与者更好地了解中国改革的方法和需求。当然，现在早已不是照本宣科的时候了。可以说，由于创新方案的出现，国合会目前的团队合作十分令人满意。

我们十分感谢国合会委员以及参与研究和组织特别活动的人士，感谢他们所付出的时间与精力。同样需要感谢的，还有那些前往中国的外方成员，以及国合会的中方成员，感谢他们不辞辛苦参与海外调研。在某些情况下，这一路程长达一万多千米，横跨三大洲。当然，在未来的后疫情时代，随着线上直播越来越频繁，这种情况可能会有所减少。

尽管新冠肺炎疫情在这个新十年影响了全球发展进程，但全球正在为解决环境危机做出努力。至关重要的是，全世界正在加速可持续发展行动的综合规划和管理进程。中国目前受到国际社会的广泛关注，期待看到全球环境治理的中国方案、中国贡献。非常令人鼓舞的是，正在规划的第七届国合会（2022—2026 年）对实现与减少污染、减缓气候变化、生物多样性保护和实现联合国 2030 年可持续发展议程相关的宏伟目标至关重要。现阶段加快政策行动将激励社会为未来做出明智的选择，进一步的变革是有必要的。

在全球范围内，许多机构已经就疫后重建的必要性进行了大量讨论。这些讨论是有帮助的，因为它们真正解决了迈向可持续发展和生态文明未来的问题。对许多人来说，"重建得更好"意味着重新创造已经存在的东西——是调整而不是改造。如"更好地向前发展"或"共同向前发展"，后一个术语更直接地反映了减少不平等、充分利用绿色发展和接受其他面向未来的创新的行动。

第六届国合会采取"课题组＋专题政策研究"的混合研究机制。目前，在第七届国合会规划中，已提议成立四个研究课题，专栏24提供了现有的关键课题设置。在所有情况下，将更加强调发展的质量，并尽可能强调加速行动的机制；将进一步努力确定关键要素之间的协同作用，如气候变化和生物多样性之间的协同作用，以及向低碳经济和生活方式转变的协同作用。国合会希望找到创新的方式，让全社会充分参与绿色发展，地方层面选择绿色生活方式，改善绿色供应链，以及在城镇和中国广大农村地区发展循环经济。

专栏 24　第七届国合会（2022—2026 年）研究课题设置

一、全球环境治理创新

全球环境和发展挑战，气候变化、生物多样性、海洋治理、"一带一路"等全球环境与发展议题。

二、国家绿色治理体系

关注绿色转型中的体制、机制和政策挑战，服务深入打好污染防治攻坚战。

三、可持续生产和消费

关注产业、交通、用能结构调整和生产生活方式的绿色化、低碳化。

四、低碳包容转型

关注实现碳中和进程中的公平、风险、协同等议题。

（资料来源：国合会秘书处.国合会第七阶段概念文件[R]. 2021: 8. 该内容可能仍会调整。）

我们很高兴国合会多年的工作都被记录并保存下来，所有关键报告和建议等都能够方便地获取，这无疑是有价值的。毫无疑问，此举将有助于学生、学者和相关人士在未来追踪国合会过去30年的变化动态，这可能会在中国文明长河中熠熠生辉。我们的子孙后代会感谢我们为他们，以及为地球的健康和繁荣所做的努力。

附　录

China Council for International Cooperation
on Environment and Development 30 Years
Committed to China's Environment and
Development Transformation

附录 1　历届国合会国际合作伙伴 / 捐助方[1]

第一届

加拿大（主要捐助方），德国、日本、荷兰、挪威、洛克菲勒兄弟基金会、英国。

第二届

澳大利亚、加拿大（主要捐助方），福特基金会、德国、日本、荷兰、挪威、洛克菲勒兄弟基金会、壳牌公司、英国、世界银行、世界自然基金会。

第三届

亚洲开发银行、加拿大（主要捐助方），丹麦、美国环保协会、德国、意大利、日本、荷兰、洛克菲勒兄弟基金会、挪威、壳牌公司、瑞典、瑞士、英国、世界自然基金会。

第四届

澳大利亚、亚洲开发银行、加拿大（主要捐助方），丹麦、挪威、能源基金会、美国环保协会、欧盟、德国、意大利、日本、荷兰王国、洛克菲勒兄弟基金会、壳牌公司、瑞典、香港大学、联合国开发计划署、联合国环境规划署、联合国工业发展组织、英国、世界自然基金会。

第五届

澳大利亚、加拿大（主要捐助方），挪威、美国环保协会、欧盟、德国、国际可持续发展研究院、意大利、荷兰、洛克菲勒兄弟基金会、壳牌公司、瑞典、瑞士、联合国开发计划署、联合国环境规划署、联合国工业发展组织、英国、世界资源研究所、世界自然基金会。

---

1 http://www.cciced.net/cciceden/ABOUTUS/Donors/.

第六届

亚洲开发银行、加拿大（主要捐助方），儿童投资基金会、克莱恩斯欧洲环保协会、挪威、美国环保协会、欧盟、德国、国际可持续发展研究院、意大利、荷兰、洛克菲勒兄弟基金会、瑞典、能源基金会、大自然保护协会、联合国开发计划署、联合国环境规划署、联合国工业发展组织、世界银行、世界经济论坛、世界自然基金会、世界资源研究所。

附录2 国合会关注问题报告一览表（2002—2021年）

2002 年　环境与可持续：国际问题与中国

2002 年　环境、发展与治理：如何面对新世纪环境挑战

2003 年　中国可持续工业化与小康社会

2004 年　新时期可持续农业农村发展：为未来做准备

2005 年　中国可持续城镇化

2006 年　结合《国合会回顾与展望总报告》

2007 年　创新与环境友好型社会

2008 年　环境与发展，构建和谐社会

2009 年　中国迈向绿色繁荣——环境、能源和经济

2010 年　生态系统与中国的绿色发展

2011 年　中国经济发展模式的绿色转型

2012 年　区域平衡与绿色发展

2013 年　环境与社会

2014 年　从临界点到转折点

2015 年　绿色目标、治理能力和创新——"认识并消除差距"

2016 年　中国与全球的生态文明

2017 年　新时代背景下践行生态文明

2018 年　创新与生态文明——中国与世界的"绿色新时代"

2019 年　向高质量绿色发展转型

2020 年　在复苏中前行

2021 年　绿色发展新时代

附录3 国合会政策研究和研究课题 [1]

1. 经济、投资、金融和贸易

研究课题包括定价政策、基于市场的环境工具、资源与环境经济、绿色经济与绿色增长、绿色财税、保险及风险管理、贸易和投资、自然资源与环境核算、市场供应链和绿色采购。

（1）1996 年资源核算与定价政策；

（2）1996 年贸易与环境；

（3）2001 年环境经济；

（4）2002 年中国入世与可持续发展；

（5）2003 年中国环境保护金融机制；

（6）2005 年环境和自然资源定价与税收；

（7）2006 年经济增长与环境；

（8）2006 年中国生态补偿机制与政策；

（9）2008 年能源效率与环境经济手段；

（10）2009 年中国迈向绿色繁荣——环境、能源和经济；

（11）2011 年中国绿色经济；

（12）2015 年绿色金融改革与绿色转型；

（13）2018 年区域协同发展与绿色城镇化战略路径；

（14）2018 年 2035 年环境改善目标和路径；

（15）2018—2021 年，绿色"一带一路"和 2030 年可持续发展议程。

2. 生态系统与生物多样性保护

研究课题包括物种保护、生态系统和生态系统服务，生态修复、生态建设，生态补偿，公园及自然保护区管理，生态红线，物种入侵，野生动物走私、栖息地破坏等违法行为，渔业、森林

---

1 http://www.sfu.ca/china-council/council-documents/TopicAreas1.html.

和草地的可持续管理，可持续农业，中国的生态足迹。

（1）1996 年，生物多样性；

（2）2001 年，生物多样性；

（3）2002 年，森林与草地；

（4）2002 年，中国外来入侵物种的控制策略；

（5）2004 年，利用保护区扩大中国农村经济效益：保护区专题小组；

（6）2010 年，生态系统与中国绿色发展；

（7）2010 年，改善水生生态系统服务功能的政策框架研究；

（8）2010 年，中国生态足迹报告（2010 年）及其他年份（2008 年、2015 年）；

（9）2010 年，中国生态系统服务与管理战略；

（10）2015 年，生态环境红线制度创新专题政策研究；

（11）2018 年，2020 后全球生物多样性保护；

（12）2018 年，全球海洋治理与生态文明；

（13）2018 年，长江经济带生态补偿与绿色发展体制改革；

（14）2018—2021 年，2020 后全球生物多样性保护。

3. 能源、环境与气候

研究课题包括能源供应、发电和配电系统，煤炭消耗，低碳经济，可替代和可再生能源，温室气体排放，气候变化减缓与适应。

（1）1996 年，能源战略和技术——中国可持续能源；

（2）2001 年，中国可持续能源发展；

（3）2003 年，中国战略——为可持续发展煤炭转变；

（4）2008 年，能源效率与城市发展；

（5）2009 年，中国煤炭可持续利用和污染控制政策；

（6）2009 年，农村发展及其能源、环境与气候变化适应；

（7）2015 年，应对气候变化协调行动专题政策研究；

（8）2018—2021 年，全球气候治理与中国贡献。

4. 法理和法治

研究课题包括环境法律、法规及执行，环境影响评估过程，公众参与，政府和民间团体的环境治理能力，制度和管理创新。

（1）2006 年，中国环境治理；

（2）2013 年，关于促进中国绿色发展的媒体和公众参与政策专题政策研究；

（3）2014 年，中国政府环境审计制度专题政策研究；

（4）2014 年，大气污染防治行动计划绩效评估与区域协调机制专题政策研究；

（5）2014 年，生态文明建设背景下的环境保护制度创新课题组；

（6）2015 年，法治与生态文明建设课题组；

（7）2015 年，国家绿色转型治理能力课题组；

（8）2018—2020 年，绿色转型与可持续社会治理；

（9）2018—2021 年，全球气候治理与中国贡献。

5. 个人和企业关切与责任

研究课题包括可持续消费、污染对健康的影响、环境发展信息与数据获取、参与环境听证会、监督执法。

（1）2008 年，环境与健康管理体系与政策框架；

（2）2013 年，促进中国绿色发展的媒体和公众参与政策专题政策研究；

（3）2013 年，可持续消费与绿色发展课题组；

（4）2013 年，中国环境保护与社会发展课题组。

6. 可持续发展、养护与环境保护规划

研究课题包括区域规划、空域与流域管理、将环境问题纳入中国的五年规划、规划的数据需求、生态文明、绿色发展和环境管理。

（1）1996 年，监测与信息收集；

（2）2000 年，中国南方红土地区资源综合管理与农业可持续发展；

（3）2001 年，中国东南沿海地区农业结构调整与可持续发展；

（4）2004 年，推进流域综合治理，恢复河流生机；

（5）2007 年，为实现"十一五"规划环境目标的政策机制；

（6）2011 年，绿色供应链的实践与创新；

（7）2012 年，区域空气质量综合控制体系研究；

（8）2012 年，中国西部环境与发展战略及政策；

（9）2013 年，中国绿色发展过程中企业社会责任专题政策研究；

（10）2014 年，中国绿色转型进程评估与展望课题组；

（11）2015 年，生态环境风险管理专题政策研究；

（12）2018 年，2020 后全球生物多样性保护；

（13）2018 年，区域协同发展与绿色城镇化战略路径；

（14）2018 年，长江经济带生态补偿与绿色发展体制改革；

（15）2018 年，2035 年环境改善目标与路径；

（16）2018 年，绿色转型与可持续社会治理；

（17）2018 年，绿色"一带一路"与 2030 年可持续发展议程。

7. 污染预防、控制与缓解

研究课题包括所有与污染相关的主题（空气、水、海洋、土壤），农业与非点源污染，清洁生产、循环经济；战争污染，饮用水、污水、固体废物管理；室内污染。

（1）1996 年，监测与信息收集；

（2）2000 年，中国南方红土地区资源综合管理与农业可持续发展；

（3）2001 年，中国东南沿海地区农业结构调整与可持续发展；

（4）2004 年，推进流域综合治理，恢复河流生机；

（5）2007 年，为实现"十一五"规划环境目标的政策机制；

（6）2015 年，应对气候变化协调行动专题政策研究；

（7）2015 年，土壤污染管理专题政策研究；

（8）2017—2021 年，全球海洋治理与生态文明；

（9）2018 年，2035 年环境改善目标和路径。

8. 区域和全球参与

研究课题包括区域和全球条约、协定和公约，中国对外贸易与投资对环境的影响，南南合作（包括"一带一路"等）相关的环境问题，中国与世界环境发展的关系，环境与发展方面的国际合作。

（1）2002 年，中国入世与可持续发展；

（2）2010 年，中国生态足迹报告 2010；

（3）2011 年，中国汞管理政策研究；

（4）2011 年，主要议题报告：投资、贸易和环境；

（5）2012 年，区域空气质量综合控制体系研究；

（6）2018 年，全球气候治理与中国的贡献；

（7）2018 年，全球海洋治理与生态文明；

（8）2018 年，长江经济带生态补偿与绿色发展体制改革；

（9）2018 年，绿色转型与可持续社会治理；

（10）2018—2021 年，绿色"一带一路"与 2030 年可持续发展议程；

（11）2019—2020 年，全球绿色价值链；

（12）2021 年，可持续粮食供应链。

9. 城镇化、工业化和交通

研究课题包括城市发展的能源效率，低碳工业化、绿色工业生产，良好的城市模式，绿色旅游发展。

（1）2003 年，中国环境产业发展；

（2）2005 年，可持续交通；

（3）2005 年，中国可持续城镇化战略总报告；

（4）2009 年，能源效率与城市发展（建筑业及运输业）；

（5）2011 年，中国低碳工业化战略；

（6）2013 年，促进城市绿色出行专题政策研究；

（7）2014 年，基于生态文明理念的良好城市模式专题政策研究；

（8）2018—2020 年，区域协同发展与绿色城镇化战略路径。

10. 科技与创新

研究课题包括污染控制与减缓新技术、绿色化学、清洁技术、绿色建筑、气候变化和其他可持续性技术创新。

（1）1993 年，中国的科学研究、技术开发与培训；

（2）1995 年，科学研究、技术开发与培训——清洁生产和煤炭使用；

（3）1996 年，科学研究、技术开发与培训；

（4）2008 年，创新与环境友好型社会；

（5）2012 年，区域空气质量综合控制体系研究。

附录 4　五个关键主题之一：人与自然的和谐关系
——国合会给中国政府的政策建议节选（1992—2021 年）

国合会政策研究的诸多主题是在工作的早期阶段确立的。国合会工作的一大优势就是能一以贯之，随着时间的推移，最初的建议会越发完善并细化。第五章涵盖了国合会历年向国务院提出的建议中的五个关键主题（即人与自然的和谐关系，综合污染控制和预防，能源、气候变化和低碳经济，绿色金融、投资和贸易，环境与发展治理）的摘要。这些信息来自国合会年会上经其委员同意而提出的最终建议（国合会网站可查历年中英文全文）。

各研究组提交的年度政策建议（1992—2021 年）工作的起点是各研究组向年会提交的报告。基于这些具体的研究建议，首席顾问起草政策建议草案，并在年会前发放。政策建议草案将基于课题组和专题政策研究的成果，识别跨领域和协同议题。年会期间，委员讨论会碰撞出新的火花。随后，政策建议文件终稿由委员通过，并提交给国务院。此外，每个研究团队的报告也可公开获取，这些报告会在汇编后散发。

本附录详细介绍了"人与自然的和谐关系"。

国合会建议的基础涉及一系列重大关切，包括生物多样性保护和生态系统管理、流域管理、可持续农业、森林和草地利用、海洋和沿海管理，以及人与自然必须和谐相处的中国古代信仰体系。

下述节选直接取自国合会提交给国务院的建议文本。不过，这些文本只是建议中的一小部分，全文可在 http://www.cciced.net 上查阅。

（一）基准线（1993 年国合会提出的建议）

……中国有丰富的生物多样性。生物多样性的不断破坏将导致未来的中国丧失粮食、药品及其他原料的巨大生产潜力，从而破坏经济和社会的持续发展，为此，应该加强陆地和水域自然保护区的建设和管理，在取得当地公众支持的前提下逐渐恢复已经遭到破坏的自然生态环境，同时注意同邻国合作，召开濒危物种保护的地区性讨论会，制定禁止进行濒危物种贸易的地区性协议。

（二）1996 年国合会建议

……我们需要做出新的努力，解释和表明生物多样性在中国经济和生活方式中的重要性；提高监测和管理自然资源的水平；建立保护自然资源的新机制，包括财政手段；加强林业保护；最重要的是，让农村人口更多地参与到保护和恢复工作中来，使他们在这方面获得切身利益。这需要更多地考虑社会、经济以及生物因素。

（三）1997 年国合会建议

……生态补偿：建立一个更公正的补偿体制，使那些受益于良好供水、生态旅游、洪水防治和水资源保护的部门用资金补偿上游资金不足、因保护自然植被而使发展受到制约的单位和地方部门。

（四）1998 年国合会建议

……生物多样性和草地资源……应当以新的思路保护中国特有的生物资源并发展农业。应特别关注中国南方草地资源的可持续利用和畜牧业的发展……它有可能发展成为肉类和羊毛生产基地……同样重要的是在一贯贫穷的地区创造更多的财富……减少关键草场地区的过度放牧至关重要。

……植树种草应着眼于水土保持，而不是木材生产（换言之，阔叶林或混交林应优先于单株林和针叶林）。应进一步提高全中国的森林覆盖率……中国西北部的山地生态系统面临威胁，这对亚洲的一些主要水系以及依赖这些水系生存的人来说意义重大……也应重视保护湖泊和湿地……红树林、沼泽地和其他海岸海洋生态系统的破坏都会产生严重的后果。

（五）1999 年国合会建议

……应重新审视黄土高原的农业和农村发展规划，将可持续农业同生态建设、工业化进程相结合，控制水土流失，创造就业机会，遏制生态退化，改变贫困状况……应明确土地产权制度，鼓励农民投资，促进资源的合理利用与保护……黄土高原能源与矿产资源开发规划必须与生态建设紧密结合。开发活动的部分收入应作为生态补偿，用于环境改善……强化黄河流域管理机构的权威性……

（六）2000 年国合会建议

……应珍惜生物多样性……农作物种类以及支持它们的微生物种群的多样性至关重要。对基因库、树木园和植物园的保护以及农民所采用的农田保护措施需要进一步加强……可以考虑将土地划分为保护区、恢复区、可持续利用区和集约利用区等类别。可以在一些地区建立基因园，用来种植和评估本地以及引进的食用植物和药用植物……外来入侵物种会产生特殊危险，可能会破坏当地的生态系统。应谨慎使用转基因生物体，否则会带来潜在威胁……利用当地的传统知识引发当地社区的兴趣并赢得其支持。

……可持续农业是另一个优先事项……主要有四个问题……一是要考虑害虫综合防治战略的必要性……农民使用了大量不必要的杀虫剂……减少使用一定量的杀虫剂不仅不会影响水稻、棉花或其他作物的产量，反而会使农民直接受益……政府部门的有关规章同杀虫剂生产与销售似乎存在相互矛盾的地方……二是要重新考虑国家目前的粮食安全政策。目前的政策限制了粮食的国内贸易，使某些粮食的种植只能选择在那些并不适合它们生长的地方……三是要重新考虑现行国家粮食安全政策。现行法规的作用是限制国内粮食贸易，使粮食在不适合的土地上生产……四是要在对转基因农作物尚无更进一步认识的情况下，应谨慎应用。国合会还建议成立一个工作组，进一步研究如何通过应用生物技术将中国的丰富资源转化为经济财富。

（七）2001 年国合会建议

……生物多样性和生态系统……改善协调机制，使那些同生物多样性保护有关的各个部门协同工作，特别是那些保护、管理以及在某些情况下涉及整体生态系统恢复的部门……审议现有的自然保护区法规，在全国范围内进行生态系统状况及其功能的评价……建立一个国家生物安全保障项目，处理外来物种入侵及使用生物技术所带来的问题。为此，亟须尽早批准《卡塔赫纳生物安全议定书》……在西部大开发战略中，制定有关生物多样性和生态系统功能的综合性政策。

……可持续农业……中国加入世界贸易组织之后，农业中的许多问题将显得更为重要。食品供应安全最终取决于从土壤到水，再到消费者的各个环节的管理方式。……有必要……深入了解并认真评估日益广泛应用生物技术（包括转基因产品在内）所产生的影响……协调解决政府有关部门在法规、化肥与农药的生产、销售方面有时发生的职能冲突问题……提高农业方面的效率……提高公众（特别是农民）在环境成本和农业管理不善等方面的意识……在某些地区推进无化肥、无农药和无转基因食品的生产，此类食品的市场正在迅速发展……重视保护农业生物多样性，尤其是野生作物的种源。

……森林和草地……在退耕还林、森林保护、个人与社区产权、禁伐（包括目前的禁伐补偿政策），以及恢复已遭破坏的土壤等方面，尚缺乏协调一致的政策……政府应致力于对退耕还林与天然林保护工程进行全面的成本——效益分析，要考虑到每一个层面上的生态与社会经济效益和成本。建立长期的监测评估体系，并给予必要的资金支持……特别要把流域管理同产权问题相结合，并采用适当的技术（包括植被自然恢复技术和选用适当的树种，以谋求生态经济效益的最大化）……根据实际情况适当调整目前的禁伐范围。

（八）2002 年国合会建议

……森林和草地……完善退耕还林计划……为农户提供基于市场的经济激励，保证退耕工程既具有生态可持续性，又具有经济可持续性。……关于天然林保护工程……应逐步审慎地从全面禁伐转变为采用更加多样化、灵活的办法鼓励国有林的可持续经营。这需要开展各种土地利用规划，包括原始老林保护规划、植树造林规划和自然恢复规划等……林业政策的全面调整……如重组公有林／私有林的管理，对公有林／私有林的管理放权……监测和评估各级政府的行为与私有林的管理……制定合理的税收……加强集体林产权的法律建设……完善国内外木材贸易政策。

……经济、贸易、运输、旅游等事业的快速发展有意或无意地从境外引入了部分物种。我们应认真关注外来入侵物种对生物多样性和自然生态系统的威胁和破坏，以及因此造成的经济损失。

（九）2004 年国合会建议

……中国环境与发展领域某些最具变革性的措施在广大农村并没有得到充分贯彻。农村常常没有合适的节水技术，也缺乏应用这些技术的激励措施，尤其是在采用综合农业生产系统的领域还要做大量工作，如运用经济上可行的循环与可持续生产模式等。

另一个例子是将水土资源综合规划与管理结合起来，保护广泛的自然资源和宝贵的农村生态环境。

……以更广阔的视野协调生态与粮食安全……对生态系统的破坏在逐渐加剧，尤其是过度使用化肥和农药，导致作物种植的面源污染使湖泊、河流、地下水和沿海海洋受到污染。农村的生态服务安全受到威胁，对农村和城镇都会带来损害。短期内，化肥和农药应当使用小容器包装并粘贴强制性环境标签……还应考虑采用经济手段减少化肥和农药的过度使用……应赋予水管理机构更大的权力，对地表水和地下水实行水权制度，对单位体积的水定价并实行管理，以及其他与可持续流域战略相一致的改革，将水质水量并重，通过渐进措施保护水资源。

……实现中国保护地管理现代化……通过将全国约 18% 的土地划为保护地，中国已跻身进步国家的行列。但是，不论在保护物种方面，还是提供生态利益方面，保护地都没有实现其目标，往往管理落后，员工不得不亲自寻找资金，甚至有时要以牺牲本应由他们负责保护的生物多样性为代价。现代意义上的生物保护，如通过动物迁移通道将分散的保护地连接起来、认识保护周边农业用地的潜在利益等，都没有付诸实践。管理人员要承担许多责任并履行各种规定的任务，但没有足够的资金让他们完成各种工作。应采取行动纠正这种方式，给予其充分的支持，使保护地管理人员的精力集中到保护上来……根据国际认可的 IUCN 体系对保护地进行归类，加强重点地区的保护。这种新方法要求各级政府部门进一步合作，确立分界线和分区制。保护地制度应包括湿地和天然林等许多方面，为提供生态服务做出贡献。

（十）2006 年国合会建议

应该创立生态补偿机制，调节利益相关方在环境利益与经济收益分配之间的关系。

（十一）2010年国合会建议（摘自行动纲要）

……转变观念和方法，重构生态环境保护与修复的国家战略与体制机制。转变使用自然资源的观念和方法，以生态系统管理方式为核心，确立从"山顶到海洋"的大系统战略思路。建立跨部门、跨地区的综合协调机制，以及更广泛的社会参与。

……强化管理，让重要陆地生态系统休养生息。调整和制定重要陆地生态系统保护与修复规划，加强生态系统管理的法治建设，增强生态系统抵御自然灾害的能力，关注生态脆弱地区和自然保护区。

……高度重视海洋生态系统管理，促进海洋可持续发展。中国亟须制定海洋绿色发展战略，特别关注受城市发展、陆源污染（农业和工业）和土地复垦等严重影响的近海地区；关注渔业恢复，渤海生态衰退亟待重视。应制定中国海洋和海岸带发展战略、国家海洋法和统筹协调机制，以降低陆地和淡水对海洋的影响。

……推进科技创新，完善技术支撑，加强生态系统管理的能力建设。建立和完善可测量、可核查、可报告的国家生态系统监测与评估体系。

……环境与发展领域的中心任务和目标应该是统筹好保护环境与转变发展方式的关系。应囊括生态系统和生物多样性保护、农村环境保护、土壤污染防治以及气候变化减缓和生态系统管理的适应性目标等行动。

（十二）2011年国合会建议

……将树立生态文明观念纳入社会文化体系建设，塑造健全的社会道德和环境伦理价值观……遵守生态规则……发展土地资源附加值高的项目，关注生态系统服务和土地资源价值。

……促进资源型城市绿色转型……强调土地资源、水资源和其他自然资源以及生态系统服务的保护规划和实践。利用中央政府新给予的必要补贴，地方政府应将其有限的资源更多地用于生态环境保护和修复⋯⋯

⋯⋯加强绿色农业布局和结构调整，全面完善农业土地和水资源利用规划，明确绿色农业分区和基于稳健、值得信赖的认证流程的主导产品。开展土壤污染监测工作⋯⋯加强非点源污染防治，推进农村垃圾处理等环境综合整治⋯⋯积极推动化肥生产补贴改革⋯⋯切实推动化肥规模化生产，在条件允许的情况下，支持有机肥规模化生产，增加农业生产补贴和完善农业补贴政策，激励农业生产以有机肥料替代部分化肥，建设包括水产养殖在内的可持续发展畜牧业⋯⋯提高生物质废弃物的利用效率，发展第二代生物质能⋯⋯大力发展林业等生态绿色产业，增强森林碳汇功能⋯⋯建立健全各种行政法规，维持和提高土地、水域和海洋生产力，增强农林生态系统碳汇功能⋯⋯严格控制在生态环境脆弱的地区开垦土地⋯⋯禁止破坏天然林、草地和农田，以及重要的水生和海洋栖息地⋯⋯

（十三）2012 年国合会建议

国合会委员强调保护脆弱生态系统和扶贫的重要性，因为相当一部分贫困人口生活在这些地区⋯⋯面临环境污染和生态退化的双重压力，威胁整个国家绿色发展的基础和根本⋯⋯应考虑建立职能有机统一、运行高效的生态环境保护大部门机制。

⋯⋯生态系统和环境保护应成为生态文明建设的主体，以提供优良的生态服务和产品为导向，通过更加关注陆地、淡水、海洋和敏感海岸带等自然栖息地的保育和管理改善生物多样性⋯⋯对重要生态功能区、自然保护区、陆地和海洋环境敏感区、生态脆弱区等划定生态红线，实行强制性保护措施⋯⋯中国东部地区的发展严重依赖西部地区的能源和资源供应。目前东部地区支付的生态服务费用远远不足以弥补西部地区生态恶化所造成的损失。在中西部地区，政府要建立和加大综合性生态环境保护转移支付制度，实行东部地区向中西部地区直接转移支付生态服务费用的模式……

……实施生态补偿等措施，生态补偿资金应结合东中西部生态功能区划定，要根据具体的生态系统服务功能，确立生态补偿标准，对长期承担生态系统保护义务的农村居民给予公正补偿。同时，在更广泛和更有效的基础上，将"污染者付费"原则延伸至中西部资源和矿产开发领域……

……尽快编制国家海洋开发与环境保护总体规划。以现有的陆地和海洋功能区划为基础……将近海海域空间整体规划与沿海省区规划统一考虑，形成围绕渤海、黄海、东海、南海的海洋经济发展与海洋环境保护区……关注具有重要生态价值且对人类活动高度敏感的海洋生态系统……建立国家海上重大环境事件应急预案体系……应规定参与不同区域开发的油气从业者投入和建立相应的区域海洋环境研究基金，并设立国家海洋环境研究专项基金。

（十四）2013 年国合会建议

……中国政府对环境与社会关系的认识也正在发生积极变化，"良好的生态环境是最公平的公共产品，也是最普惠的民生福祉"就是中国领导人对这一问题的深刻认识。

……抓紧制定加强生态文明建设的指导意见，编制生态文明建设中长期（2015—2030 年以及 2050 年）规划……建立全面可靠的生态红线管控方法……加大生态补偿制度的实施范围和力度，平衡与协调资源环境效益的公平分配……建立陆海统筹的生态系统保护修复和污染防治区域联动机制……

（十五）2014 年国合会建议

……未来 15 年是中国绿色转型战略实施的关键阶段，是实现"十三五"规划中 2030 年发展目标的过渡阶段……也是生态服务和生物多样性保护、减缓气候变化风险领域可能取得重大成就的一个时间段……

……健全环境公益诉讼制度，强化生态环境损害赔偿和责任追究……

……在省级层面建立基于整体生态安全和环境保护的空间管制制度……替代现有的土地财政模式，应确保环境敏感区或具有优先保护价值的绿地空间仍由政府掌控……落实以人为本，尊重生态系统、生态服务和绿色空间的城镇化。

……实施国家生态保护红线制度……明确生态保护红线制度的内涵与体系构成……将部分国土面积确定为国家生态保护红线……在未来 3 年至 5 年内通过生态保护红线立法。完善陆地和海洋利用空间规划体系，明确划定生态保护红线……在现有的土地利用规划分类体系中增设生态用地类型……划定海洋生态保护红线。通过海洋生态功能区划和海洋其他空间规划，划定海洋生态保护红线，维护海洋生态系统和滨海湿地的生态安全……建立新的生态保护、监测和执法国家协调机制……进一步明确和整合各类保护区功能定位与管理体制，建立由自然保护区、国家公园、风景名胜区、农业种质资源保护区、生态功能保护区等构成的自然保护地体系……建立分部门、分类型、分类别的国家生态保护红线管理体系。

……以生态保护红线为基础，完善生态补偿制度和激励机制……建立生态补偿长效机制，直接向生态保护红线区的土地所有者或经营者支付补偿金，以生态保护红线区为重点布局重大生态建设工程。依据生态保护红线区面积及保护成效，完善生态转移支付政策。

（十六）2015 年国合会建议

……制定《中华人民共和国国家公园法》……明确国家公园的性质和分类体系，建立综合性行政管理体系，解决现行自然保护区、风景名胜区、地质公园和森林公园等各类保护区体系混杂、功能定位不清、管理机构交叉重叠等问题……

……高度重视"一带一路"的生态风险问题，与沿线国家共商、共建绿色"一带一路"……

（十七）2017 年国合会建议

……出于国内和国际安全因素考虑，应确保人类发展不超越生物多样性、地球化学循环和气候变化等"地球生态边界"……中国可以在推动全球海洋可持续发展、解决海洋污染、加快全球生物多样性保护，特别是外来物种入侵和防治全球荒漠化等议题上发挥更大作用……

……有必要在生态建设和恢复基础上创造更多的长期就业机会，这对偏远农村地区的生计改善至关重要……这些就业机会还可结合地方文化和性别因素进行考虑……建立生态文明协同管理制度。通过协同管理，改善自然保护区、公园、生态保护红线区以及被认为价值较低的公共土地等地区的生态和其他服务功能……可以考虑组建一支国家层面的生态保护队伍，治理被污染的土壤、绿化沙漠、建设基于生态系统的碳汇等……为公众提供更多参与改善农村和城市的生态服务以及野生动物保护等志愿工作的机会……旅游业、生态服务和传统文化的保护能够为乡村居民提供就业机会。

……推动促进生态文明和绿色发展的综合改革进程……统筹安排区域内土地和水资源利用问题……保护和恢复生态系统的责任需要进一步明确……长江经济带目前采取的生态保护红线和综

合规划的做法是新时代生态环境保护的成功案例……城乡发展的联系需要更高水平的生态改革……

……在中国以及全球……生态服务应该成为农村地区的主要价值,包括那些目前用于农牧渔业生产的土地和水域……要兼顾生物多样性保护需求,以便让农村地区保持良好的土地和水源质量,为城市提供生态服务、食物及其他自然资源。针对上游的生态补偿也需要纳入绿色发展计划之中……要在 2035 年或 2040 年之前,尽快使所有土地和水域都具有提供生态服务的重要功能……

……世界海洋生态危机日益受到全球关注。中国应制定国家海洋战略,推动"蓝色经济"朝绿色方向发展。中国的海洋战略不仅要关注中国对自身海洋空间的利用,而且要关注中国对公海的利用……与此同时,中国在全球海洋治理的现代化进程中发挥重要的作用。中国也可以利用自己的优势地位,通过分享自身的经验和解决方案影响其他国家,为全球海洋健康和蓝色经济奠定良好的基础。

……与即将进行基础设施建设的合作伙伴国家合作,进行生态系统保护早期规划,对于构建绿色、可持续的基础设施至关重要。绿色"一带一路"的理念和机制也应该在南南合作领域得到体现……

(十八)2018 年国合会建议

……《生物多样性公约》第十五次缔约方大会将于 2020 年由中国承办……在制定 2020 后全球生物多样性保护目标方面发挥强有力的领导作用……制定一个有雄心的、强有力的、得到国际认可的 2020 后全球生物多样性保护框架……展示中国生物多样性保护经验,为国际社会提供参考借鉴……《生物多样性公约》第十五次缔约方大会将聚焦中国投资贸易的海外影响。中国应立即采取措施加强建设绿色"一带一路",减少木材、棕榈油、大豆、海产品等进口商品供应链对环境、气候与生物多样性的影响……在 2020 年联合国大会期间召开国家元首或政府首脑会议,尽早开展积极主动的外联活动……

……加强海洋生态环境治理,强化中国在全球海洋治理体系中的作用……中国的沿海和海洋生态系统面临着危机……对世界许多地区的海洋生物资源都会产生影响……中国应制定新的水产养殖法,并对废物排放设置明确的限制和严格的执法政策……实施海洋评估的高科技监测系统,打击破坏海洋的活动,促进负责任的渔业、栖息地和环境保护……制定旨在恢复海洋生态系统功能和服务的国家行动计划……建立关于中国沿海和海洋生态系统健康的国家"海洋生态报告卡"制度……构建地表水和海洋综合治理机制。改善地表淡水和海水之间水质标准的衔接,整合河长制、湖长制与湾长制等治理机制……

……制订海洋垃圾污染防治国家行动计划。加快研究和应用塑料替代产品,创新废物处理方法……加强中国对全球关注的新兴海洋环境问题的研究。优先课题包括海洋酸化、海洋塑料和微塑料、热点地区缺氧以及其他关乎全球的新兴海洋环境问题……

……推动绿色"一带一路"建设……"一带一路"倡议应与《巴黎协定》、全球生物多样性目标和联合国 2030 年可持续发展议程设定的目标保持一致。为降低项目的环境和社会风险,中国应采纳国际社会认可的环境社会保障措施和信息公开规定,并在项目规划早期引入公众参与……建立向公众开放的"一带一路"生态环保大数据服务平台……制定负责任的海外投资要求,替代现行的海外投资自愿性指南。落实性别主流化,将其作为"一带一路"项目最佳实践的一部分……

……推进长江经济带绿色发展绩效……在战略上,应将环境治理和生态恢复工作重点放在对整个流域健康造成重大影响的特定领域，并采取如下措施：①继续努力减少固体废物总量，防治其对河流上游和下游地区直至海洋造成的污染。②制定经济激励措施，鼓励支持固体废物的收集和处理。③促进固体废物回收利用并降低焚烧比例。④改进畜禽养殖污染控制措施。⑤提高污水处理厂的污水及污泥处置处理能力。⑥开展宣传推广活动，提高公众对固体废物处理及循环利用的关注和认知度……

　　……发现并解决问题之间的协同作用……"自然和气候解决方案"可以同时实现气候和生物多样性目标。高质量地开展植树造林以及投资红树林和沿海湿地、投资流域保护等措施都可以在增强碳固存和优化生物多样性的同时，实现防洪和水土保持等更多生态系统效益。一方面，减少过度捕捞、加强水产养殖业管理、恢复沿海和海洋栖息地等行动，不仅可以提高水产品经济价值、修复生态系统功能，还有助于增加区域生物多样性。另一方面，中国采取积极措施控制和减少"一带一路"倡议对气候、生物多样性和海洋造成的影响，也将有助于中国进一步巩固其《生物多样性公约》第十五次缔约方大会东道国的领导地位。同时，中国采取政策举措积极控制和减少贸易和投资活动对环境的影响（如对海外热带雨林的影响转化为对牛肉、棕榈油和大豆生产的影响），可以为其他国家提供重要参考借鉴。应鼓励产生新的绿色生计的协同作用。

　　（十九）2019 年国合会建议

　　……加快制定整体的长江经济带生态环境保护战略……将2035 年和2050 年战略愿景转化为符合长江经济带生态环境特征的目标设定和评价体系。确定中长期长江生态保护修复重点任务……加快建立"一纵多横"的全流域生态补偿机制。形成以地方财政为主、中央财政激励为辅的生态补偿机制……以法治强化长江经济带的生态保护硬约束：将长江保护的特别定位和特殊要求以法律形式固化，确立全流域生态环境保护目标和保护区，并协调中央和地方政府之间以及不同管辖区和机构之间的行动……建立长江经济带自然资源资产负债表及相关自然资本核算指标，确定自然生态效益。加强自然资本核算数据共享和全流域自然资本核算能力建设……建立跨部门、跨区域、多主体参与的"数字长江"平台：通过拓展数字平台，有效提升环境治理和预警能力……

……基于自然的解决方案……寻求气候适应与淡水管理、生物多样性保护、海洋管理等领域的协同治理方案……加强应对气候变化和生物多样性保护行动的有效衔接，更好地推动护林造林，推动保护湿地、泥炭地、草地、潮汐湖和其他生态系统……

（二十）2020年国合会建议

……中国应……加强绿色国际合作，共建地球生命共同体……落实主体功能区划战略，推动绿色城镇化……推进软性商品供应链绿色化……推动陆海联动，采取基于自然的综合手段应对生态挑战……探索更具科学性、合理性、实用性的自然资本价值核算方法和实现机制。开拓视野、深化认识，将环境因素纳入更广泛的经济社会规划与政策……把握疫后经济复苏的战略机遇，积极构建韧性经济社会……强化新型基础设施建设的绿色内涵……以"不对环境、生态和气候造成重大损害"为原则，增强刺激计划的绿色和韧性……支持绿色就业。实施劳动密集型生态公共工程，如植树造林、湿地和海岸带恢复、土壤和水体修复、绿色建筑和房屋改造等……降低社区脆弱性。打击非法野生动物贸易，防范集中养殖、生物多样性丧失、生态系统破坏及其他因素加剧人畜共患疾病的风险……支持现有多边倡议，如世界卫生组织、联合国世界粮食计划署提出的"整体健康"理念、联合国生态系统恢复十年决议等……实现功能型城市与亲自然城市模式统一：将生物多样性和生态系统服务纳入规划，保护好城区生物多样性和自然栖息地……实现生态系统服务的经济价值……增加生态系统服务供给，拓展未来经济发展创新途径……将生物多样性保护纳入旅游相关标准和认证计划……保障生态系统整体性，推动陆海联动，综合应对环境挑战……统筹协调公共健康、经济活动、生态系统变化（包括气候、海洋、河流）等各个领域，贯彻"整体健康"理念，推动陆海联动，实现气候和生物多样性协同治理，综合应对环境挑战……成功举办联合国《生物多样性公约》第十五次缔约方会议……积极与国际社会携手，为全球陆地和海洋生态系统保护和修复设定明确、可量化的目标……采用变革性、基于生态系统的方法支持高质量绿色增长。强化对不同类型生境的保护，关注生态退化严重地区的自然植被再生及生态环境恢复。推动基于自然的气候适应，并将其作为流域综合管理、建筑标准、基础设施建设和农业发展中的优先事项，在可持续利用的同时实现自然保护的主流化……促进农业、林业及渔业等社会生态生产性景观的保护和管理，将防止外来物种入侵作为国家优先事项，并纳入 2020 后全球生物多样性保护框架……扩大森林、湿地和草原面积，夯实气候韧性基础。禁止野生动物非法贸易，禁止非法生产和使用农药、非法捕捞、非法改变土地用途等。革除食用野生动物陋习，加强药用野生动物监管。鼓励私营部门更多参与生物多样性保护……严格管控围填海，加大滨海湿地保护修复力度，重建关键栖息地……划定海洋生态保护红线区域和海洋保护区，助力海洋生物多样性保护和渔业发展。加强科学研究和监测，强化执法，推进海洋生态系统保护恢复和海洋经济高质量发展，更好地发挥部际协调机制和国家级海洋咨询机构作用，制定基于生态系统的海洋综合管理政策。建立绿色渔船和绿色渔港，发展绿色海水养殖，建立海洋水产品溯源制度，推动绿色航运……健全生态资本服务价值核算方法和实现机制，推动长江、黄河流域高质量发展……构建标准化、规范化的自然资本价值核算体系，推动自然生态资源监控网络建设。从市场定价、政府定价和政府规制型市场定价三个方面，构建生态产品定价机制……将生物多样性保护指标融入绿色金融框架……在"一带一路"共建国家开展试点示范，推广绿色发展理念与实践……充分发挥"一带一路"绿色发展国际联盟的作用……推广生态保护红线实践经验和基于自然的解决方案……完善"一带一路"项目绿色发展分级分类管理正面清单和负面清单，为项目提供绿色发展解决方案和绿色信贷指引……建设更多高标准绿色示范项目……企业应切实承担生态环境保护主体责任……系统化推动全球软性商品绿色价值链实践，避免毁林行为和生态破坏……在国家国际发展合作署对外援助工作中，推动绿色融资项目主流化，贯彻"无害原则"，增加绿色和生态环境保护类援助的比例，支持"一带一路"共建国家的绿色发展。

（二十一）2021 年国合会建议

推动生物多样性保护在不同经济部门的主流化。将自然保护和基于自然的解决方案纳入公共和私营部门投资规划。制定基于科学、量化、兼具雄心和务实的生物多样性目标，并设立相关指标用于跟踪进展，关注生物多样性面临的压力、现状以及应对措施的影响和成效……加强国家公园和保护区建设。识别低成本高效益的优先保护区……保障国家公园和海洋、荒野保护区的生态高度完整性。特别关注跨区域生物多样性热点地区的绿色联通性。评估生态保护红线区域碳封存总体潜力，识别碳封存潜力较大的区域……推动 2020 后全球生物多样性框架全面落实，分享生态保护红线、生态补偿等创新目标落实机制，建立可靠的、可操作性强的进展评估指标体系，充分考虑自然资本和生态系统服务价值，为联合国生态系统恢复十年行动计划目标做出积极贡献……扩大生物多样性保护相关投融资。将生态保护、修复与再生作为绿色金融的重要领域。进一步识别必要举措，开展生态保护金融试点、风险披露、报告、压力测试及私营部门投资公共责任等，确保公共和私营部门资金流向符合生物多样性目标。促进金融科技在生物多样性保护领域的应用，包括建立"金融科技+生物多样性保护"试点示范区。确保当地社区从自然保护中获益。关注绿色债务安排等生态保护金融国际新兴实践……识别对环境有害的激励、规定、空间规划、补贴等并推动改革，如取消对环境有害的农业补贴、支持低碳和再生农业实践等。因地制宜出台便捷、可量化的补贴认定标准。增加对农业绿色科技创新和技术推广的投入。注重对女性农民的支持，开展针对性的知识和技能培训……充分发挥全社会共治，在"整体健康"框架下，协同推进家畜、野生动物和植物健康，生态系统完整性，疾病预防，以及早期预警系统建设等工作……加强对重要海洋物种及其栖息地的保护和恢复，提高海洋生态系统的质量和稳定性。开展海洋生态系统价值核算基线研究，正确评估海岸带发展与各种活动对海洋自然资本的影响；开展红树林、海草床、盐沼、珊瑚礁、沙丘和海岛等沿海气候脆弱且富碳的生态系统保护及适应成效监测与评估。加强海岸生态系统保护与恢复，通过基于自然的解决方案等方式增强海岸气候韧性……建立健全联合科技攻关机制，加强基于科学的海洋管理，包括应对点源及非点源污染。强化陆海统筹的污染防治。加强汞污染物分析监测与溯源；强化海洋塑料污染和微塑料的源头管控，减少塑料污染，提高废物管理和处置能力……设立可持续海产品供应链管理的目标和规划。建设完善的追溯和监测系统，落实监管目标，提高公众对可持续渔业的认识。设计并使用基于科学的指标、标准和管理机制，跟踪可持续渔业进展。开发长效且盈利的商业模式。识别绿色金融工具和市场机遇，支持渔业可持续性溯源。整合社区与社会资源，探索渔业资源保护的共同管理模式……丰富全球海洋公共产品，深度参与全球海洋环境治理。借鉴国际经验，构建符合中国国情的蓝色经济融资原则、标准和指引。将渤海湾和粤港澳大湾区等建设成为"美丽海湾"保护与建设的先行示范区。

附录5   2019年国合会向国务院提交的"十四五"政策建议 [1]

一、促进绿色消费

绿色消费是建设生态文明的关键举措之一，应将绿色消费作为生态文明建设重要任务纳入国家"十四五"规划。

明确推进绿色消费的重点领域。包括农业、交通、电子商务、住房和建筑、电力和其他消费产品领域。

扩大绿色产品和服务的供给。放宽绿色产品和服务市场准入，鼓励加大绿色产业的投资力度，加强绿色基础设施建设，促进绿色消费。

修订《中华人民共和国政府采购法》，强调绿色来源。政府采购应优先考虑绿色交通、绿色建筑，鼓励减少废弃物、减少砍伐森林等基于自然的产品和服务。

推动落实生产者责任延伸制度，促进绿色供应链和循环经济发展。

减少塑料制品的使用。全面淘汰一次性塑料用品，减少塑料在上游包装行业中的使用。实施垃圾分类，实现塑料垃圾的循环利用。

实施市场激励政策。建立科学连贯的绿色标识认证体系。建立绿色消费统计指标体系和全国绿色消费信息平台。将市场手段和强制性绿色产品规定相结合，实施有差别的税收和市场信用激励措施，逐步取消不利于甚至阻碍绿色产品流通的补贴。

倡议发起绿色生活运动。刺激绿色产品需求，充分发挥社会知名人士在绿色消费方面的示范引领作用，引导绿色消费成为社会时尚。重点宣传绿色消费生活方式为公众健康和环境带

---

1 强化绿色发展新共识，推动中国"十四五"高质量发展，http://www.cciced.net/cciceden/POLICY/APR/201908/P020190830118167260634.pdf.

中国环境与发展国际合作委员会30周年
——致力于中国环境与发展转型

来的益处。

二、推进绿色城镇化

随着绿色发展和数字时代、高铁时代的到来，传统工业时代形成的"城市—农村""工业—农业"的城镇化概念正在发生深刻变化。

重塑城镇化战略。"十四五"规划应基于生态文明制定重塑中国城镇化的战略，不再走过去依靠数量扩张的城镇化道路，而是走内涵增长道路，让绿色城镇化成为中国经济高质量发展的重要驱动力，主要包括以城市群和都市圈为重点的绿色转型和以县城为重点的绿色城镇化。

重新认识城乡关系。在新的发展理念下，乡村是一个新型经济区，而不再仅仅是过去工业化视角下的从属角色。要跳出传统"三农"概念，充分利用互联网等新技术，利用乡村独特的自然生态环境和文化等优势，大力拓展乡村绿色新供给。

三、推动长江经济带绿色发展

将长江经济带作为"十四五"规划的战略重点，建成流域绿色发展的样板和标杆。

加快制定整体的长江经济带生态环境保护战略。科学合理确定目标指标体系，着重考虑如何将中共十九大报告中提出的2035年和2050年战略愿景转化为符合长江经济带生态环境特征的目标指标体系。确定近中期长江生态保护修复重点任务。

实施全流域生态补偿机制。形成以地方财政为主、中央财政给予激励、社会积极参与的"一纵多横"的全流域生态补偿机制。

以法治强化长江经济带的生态保护硬约束。将长江保护的特别定位和特殊要求以法律形式固化，制定全流域生态环境保护目标，依法划定保护区，着力建立健全中央与地方、部门与部门以及地方与地方之间的生态环境协同保护体制机制。

建立长江经济带自然资本核算体系。建立长江经济带自然资源资产负债表和相关指标，核算自然资本提供的生态惠益，加强自然资本核算数据共享和全流域自然资本核算能力建设。

建立跨部门、跨区域、多主体参与的"数字长江"平台。通过建立数字平台，有效提升环境治理和预警能力。建立"生态产业智慧平台"和"跨区域绿色金融合作平台"，建立长江经济带绿色供应链体系。

四、加快气候行动

制定清晰的低碳发展战略。根据最新的国家自主减排承诺，更新行动目标，力争在"十四五"期间实现重点行业和部分地区碳排放达峰。加速减少煤炭使用，推广可再生能源。将二氧化碳、氢氟碳化物、甲烷等温室气体和其他短寿命气候污染物一同纳入气候变化减缓目标。

协同实现经济发展与能源改革、生态环境保护与应对气候变化协同推进。充分发挥国家应对气候变化及节能减排工作领导小组职能，以污染防治攻坚战为引领，迅速推动产业、能源、运输和土地利用结构优化，配合气候行动。全面协调经济发展、能源改革、生态环境保护与应对气候变化的各项目标，统筹落实规划、技术、投融资和其他相关政策措施，促进可持续发展。

设立碳排放总量控制指标。用碳排放总量控制（包括非二氧化碳温室气体）代替能源消费总量控制，不仅可有效降低煤炭使用占比，还能促进清洁能源的增长，尤其是零碳能源的供应。对碳排放总量和强度实行"双控"。

将应对气候变化纳入中央生态环境保护督察工作体系。加强地方应对气候变化机构、队伍和能力建设，充分利用现有生态环境保护监督制度优势，切实推进落实应对气候变化工作部署。

进一步控制煤炭使用，坚决打赢蓝天保卫战。制定国家零排放长期战略，逐步淘汰煤炭。争取于 2020 年前后实现京津冀和汾渭平原地区散煤禁用。优先保证非化石能源发电上网。

激活碳市场。进一步完善总量管控目标，加快立法，增强全国碳排放交易体系的约束力。实施配额拍卖制度，同时尽快扩大行业覆盖，建立"碳价"机制，建立具备有效执行机制的稳健的碳市场。

加强适应气候变化和基于自然解决方案的研究和能力建设。将适应气候变化纳入国家和地方各级政府规划，研究开发气候变化与水资源保护、生物多样性保护、海洋管理、人体健康、绿色基础设施建设等领域的协同治理方案，识别易受气候变化影响的重点地区、重点行业和重点社区，开展适应气候变化试点项目。加强基于自然的解决方案研究及能力建设，促进应对气候变化和生物多样性保护行动有效衔接，更好地推动护林造林，推动保护湿地、泥炭地、草地、潮汐湖和其他生态系统。

五、生物多样性保护

联合国《生物多样性公约》第十五次缔约方大会为实现新的 2020 后全球生物多样性保护框架提供重要契机。

办好《生物多样性公约》第十五次缔约方大会。借鉴巴黎气候谈判的成功经验，利用绿色外交积聚高层政治意愿。号召工商界、学术界、非政府组织和公众共同参与制定并实施 2020 后生物多样性保护框架，宣传人与自然行动议程，提高公众意识，积极采取协作行动。利用基于自然的解决方案，实现生物多样性保护与气候行动的紧密结合，与世界分享中国在生态文明建设和生态环境保护，尤其在实施生态保护红线制度方面的成功经验。

加快国内生物多样性保护进程。参考"生物多样性和生态系统服务政府间科学政策平台"2019 年报告和其他科学报告，加强物种和栖息地保护，重点关注导致生物多样性丧失的潜在驱动因素，特别是土地利用变化、气候变化、环境污染（包括海洋污染）

和外来物种入侵等问题。同时，应建立强有力的监测和审查机制，跟踪保护工作进展。利用先进的遥感和分析技术，结合实际调查，定期对陆地、淡水和海洋及其他生态系统的生物多样性进行全面评估，并公开披露评估结果。加强以国家公园为主体的自然保护地管理体系建设，划定生态保护红线。制定并执行全面的法律法规和市场激励政策措施，确保实施的有效性。加强跨部门协作行动，取消可能对生态环境造成不利影响的补贴。加强对野生生物资源育种和培育及可持续利用的研究，促进技术升级，减少对自然和生物资源的消耗，完善生态补偿制度，造福当地社区，并对涉及非法野生动物销售和走私的行为提起诉讼。

促进生物多样性保护工作与"一带一路"倡议的有效对接。加强绿色"一带一路"建设，促进生物多样性保护。建立相关平台，分享在环保、生物多样性保护和可持续性影响评估领域的最佳实践，重点关注基于自然的解决方案，开展自然资本评估并设立相关指标。在海外援助中优先考虑生物多样性保护，实施保障措施，建立相关标准，创新项目融资机制，促进技术合作，发展生态旅游和其他绿色市场。支持可持续贸易，采取合作行动，加强绿色供应链建设，重点关注大豆、棕榈油、鱼类、牛肉和木材等大宗商品的绿色供应链建设。

六、推进海洋可持续发展

中国应加强海洋综合治理，积极参与全球海洋治理，提升海洋生态保护治理能力。

推进海洋综合治理。启动包括海洋生态保护红线和国家公园体系在内的保护区网络。促进长期基线研究和监测，特别是针对珊瑚礁、红树林、潮滩和海草床等重要栖息地以及鲸类、海龟、斑海豹、水鸟、鱼类等重要物种的研究和监测，尤其应将中华白海豚等关键物种列为监测重点。建立相关数据库，为海洋分区提供数据基础，同时兼顾保护自然资源、生物多样性和生态系统服务的多重目标。应认识到生态系统服务在中国海洋经济发展中的"非市场"价值。在"十四五"期间，所有相关陆海开发规划都必须考虑对脆弱的近海生态系统的影响。在重大开发项目上马前，应对整个区域开展战略性环境影响评价，并衡量其累积影响。

支持全球创新性海洋治理。"十四五"期间，应加大对海洋可持续发展问题的关注。制定符合实际的发展和保护目标并出台相关措施。在开发和保护深海及其资源方面，中国应积极参与相关国际规范的制定与修订，注重与"一带一路"沿线国家共同发展可持续海洋经济。

七、推动"一带一路"绿色发展

"一带一路"倡议为推动多边合作提供了重要的新平台。

加强"一带一路"与多边议程的对接。制定相关指南、政策和工具，推动"一带一路"投资项目与联合国 2030 年可持续发展议程、《巴黎协定》和 2020 后生物多样性目标的有效对接。"一带一路"投资项目应侧重考虑绿色的、可适应气候变化的基础设施，支持加速脱碳，保护具有生态重要性的区域。

推动"一带一路"与共建国家可持续发展战略对接。通过"一带一路"绿色发展国际联盟，分享中国生态文明建设的理念和最佳实践，推动绿色"一带一路"建设，与共建国家在可持续发展战略上有效对接。创建相关平台，支持"一带一路"绿色基础设施和绿色港口建设。

建立绿色金融预防机制。建立环境保障和环境影响评估机制，降低待建项目的环境风险。实施绿色投资原则，要求披露与环境和气候相关的风险信息。在做出项目最终决策之前，邀请公众参与并给予反馈。在全球层面，制定实施有雄心、有约束力和可衡量的"一带一路"国家绿色投融资原则，海外投资必须遵守相关的环境和气候规定。在国家层面，刺激对绿色融资的市场需求，鼓励金融机构建立绿色投融资机制。制定实施绿色金融发展战略，建立一套全面的风险评估方法和综合管理体系，减轻所有融资和联合融资项目中的环境、气候、社会和其他风险。

促进绿色生产、贸易和消费。推行绿色标识和政府绿色采购，制定绿色供应链试点计划。

加强人员交流。派遣生态环境部官员担任驻外使领馆环境顾问。实施绿色丝路使者计划，针对青年环境官员和学者，加强生态环境保护及应对和减缓气候变化能力建设。加强生态环保非政府组织之间的交流与合作。开展培训，提高女性在环境问题上的领导力。

八、跨领域挑战：促进技术和制度创新

加强重大低碳技术研发和推广。如储能技术、碳捕集和封存（包括基于自然和技术的封存）技术、光伏发电转换效率提升技术、长期电池储存技术和其他低碳和零碳创新技术。

推广城镇化基础设施和能源系统领域的创新技术。扩大基于自然的城市绿色区域和绿色基础设施建设，建设高标准的绿色建筑及清洁、低碳的能源系统，建立应用于家电、制冷、照明系统等消费领域的严格能效标准，构建涵盖废物处理、污水处理、垃圾处理的循环经济体系。

设立美丽中国先行示范区。建立覆盖省、市、县三级的美丽中国先行示范区，加强引领和示范作用。

加强对化学品、纳米材料和其他物质的监管与风险防范。对传统和新型化学品进行持续的风险评估和管理，包括评估新型纳米化学品的短期和长期影响。

加强信息披露和公众参与。为调动个人和非政府组织的参与积极性，应全面实施环境信息公开与公众参与制度。